Kolleg Rechtstheorie

Herausgegeben von Jan M. Broekman

Band IV, 1

Thematischer Aufriß der enzyklopädischen Reihe „Kolleg Rechtstheorie"

I. Grundlagenproblematik: Anthropologie und Rechtstheorie – Theorie der Gerechtigkeit – Naturrecht und Rechtstheorie – Die Fundierung des Normativen – Theorie und Praxis in der Rechtswissenschaft – Rechtstheorie und Rechtsphilosophie

II. Rechtstheorie und positives Recht: Pragmatik der juristischen Argumentation – Juristische Logik als Argumentationslehre – Gesetzgebungstheorien – Theorien der Rechtsfindung – Rechtstheorie und Staatsrecht

III. Einzelne Rechtstheorien: Analytische Rechtstheorie – Funktionelle Rechtslehre – Kritische Theorie und Rechtstheorie – Der Legalismus als Rechtstheorie – Marxistische Rechtstheorie – Phänomenologische Rechtstheorie – Amerikanischer Pragmatismus – Rechtstheorien des kritischen Realismus – Skandinavischer Realismus – Positivistische Rechtstheorie – Sowjetische Rechtstheorie – Strukturelle Rechtstheorie – Systemtheoretische Rechtstheorie

IV. Rechtstheorie und Nachbarwissenschaften: Informatik in der Rechtstheorie – Kommunikationstheorie im Recht – Logik und Rechtstheorie – Rechtstheorie und Ökonomie – Psychoanalyse und Rechtstheorie – Semantik und Rechtstheorie – Soziologie und Rechtstheorie

Fritjof Haft

Einführung in die Rechtsinformatik

Verlag Karl Alber Freiburg/München

Literaturangaben nach folgendem
Beispiel: Searle, *4.14*, 30.
Die kursive Zahl *(4.14)*
verweist auf den Titel in der Bibliographie.
Die Zahl dahinter (30) ist die Seitenzahl.

CIP-Kurztitelaufnahme der Deutschen Bibliothek

Haft, Fritjof
Einführung in die Rechtsinformatik. – 1. Aufl. –
Freiburg [Breisgau], München: Alber, 1977.
(Kolleg Rechtstheorie; Bd. IV, 1)
ISBN 3-495-47355-6

Satz und Druck: Presse-Druck Augsburg
ISBN 3–495–47355–6

Inhalt

Abkürzungsverzeichnis

AktG	Aktiengesetz
DSWR	Datenverarbeitung in Steuer, Wirtschaft und Recht
DVR	Datenverarbeitung im Recht
JA	Juristische Arbeitsblätter
Juris	Juristisches Informationssystem
JuS	Juristische Schulung
JZ	Juristenzeitung
NJW	Neue Juristische Wochenschrift
ÖVD	Öffentliche Verwaltung und Datenverarbeitung
StGB	Strafgesetzbuch

Enzyklopädische Übersicht

Seit einigen Jahren wird der Einsatz der elektronischen Datenverarbeitung im Recht praktiziert und diskutiert. Jetzt zeichnet sich, nach anfänglichen Unsicherheiten, die Entstehung einer neuen juristischen Disziplin „Rechtsinformatik" ab (Teil A, Kap. I). Ihr Gegenstand reicht über die einfache Frage nach den Einsatzmöglichkeiten der Datenverarbeitung im Recht und die damit zusammenhängende Frage nach der Formalisierbarkeit des Rechts hinaus. Rechtsinformatik bedeutet heute die „Wissenschaft von der Erfassung und Veränderung der Informations- und Entscheidungsstrukturen in rechtlichen Regelungssystemen mittels formalisierender Methoden insbesondere unter Einsatz der EDV" (Hopt). Der Akzent liegt dabei nicht nur auf „Erfassung", sondern auch auf „Veränderung". Es geht nicht nur um die formale Klärung der vorhandenen Informations- und Entscheidungsstrukturen im Recht, sondern auch um die Untersuchung möglicher Veränderungen angesichts des formal erweiterten, inhaltlich eingeschränkten technisch-methodischen Instrumentariums der elektronischen Datenverarbeitung.

Die Rechtsinformatik hat es also mit der „Struktur rechtlich normierter, zugleich als gesellschaftliche Realität betrachteter Zusammenhänge (z. B. Organisationen,

Verfahren, Regelungen, Dokumente) im Hinblick auf die Datenverarbeitung" (Fiedler) zu tun. Da formalwissenschaftliches Vorgehen nicht auf einzelne Disziplinen beschränkt ist und in Nachbarwissenschaften schon Erfahrungen gesammelt worden sind, die auch für juristische Problemstellungen von Bedeutung sind, ist die Rechtsinformatik als Theorie notwendig interdisziplinär. Zugleich aber ist sie, da nicht nur deskriptiv, sondern auch präskriptiv orientiert und auf programmierbare Ergebnisse hin ausgerichtet, praxisbezogener als andere rechtstheoretische Spezialzweige. Sie muß darum die von ihr geschaffenen Ergebnisse stets kritisch reflektierend begleiten und unerwünschte Folgen – beispielsweise Verschiebungen im Informationshaushalt der öffentlichen Gewalten, wie sie gegenwärtig schon in einem drohenden Informationsvorsprung der Exekutive vor der Legislative erkennbar sind – mitbedenken und notfalls schon auf der Ebene technisch-methodischer Installationen verhüten.

Der interdisziplinäre Bezug ist gegenwärtig vor allem zu drei Wissenschaften gegeben: Logik (Teil A, Kap. II), Informatik (Teil A, Kap. III) und Linguistik (Teil A, Kap. IV).

In der modernen Logik als der Formalwissenschaft par excellence (und der Grundlage der Computermethodologie) geht es, trägt man sie an rechtstheoretische Problemstellungen heran, um die Überwindung der Schwierigkeit, die darin liegt, daß die traditionell eingeübte juristische Methodenlehre am Inventar der klassischen, verbalen Logik ausgerichtet ist – also an der Lehre vom Begriff (Gewinnung einzelner Tatbestandsmerkmale), der Lehre vom Urteil (Gewinnung von Norm und Sachverhalt) und vom Schluß (Vollzug des richterlichen Syllogismus). Der Übergang zur modernen, formalen

Logik ist bislang rechtstheoretisch nur in einer sehr speziellen Literatur nachvollzogen worden, der es schon wegen der Abstraktheit ihrer Formelsprachen verwehrt geblieben ist, sich einen nennenswerten Platz im juristischen Allgemeinbewußtsein zu erobern. Da aber dieser Übergang Voraussetzung aller programmierbaren Erfahrung im Recht ist (ein Syllogismus kann nicht in ein Programm übersetzt werden; er muß dazu in eine Implikationsbeziehung umgeformt werden), muß die Rechtsinformatik dieses Defizit (mit) aufzuarbeiten bestrebt sein. Was Formalisierung bedeutet, was unter einem logischen Kalkül zu verstehen ist, was Axiomatisierung heißt, und was als logischer Beweis bezeichnet werden kann – das sind Fragen, deren Beantwortung zu ermöglichen in den legitimen Rahmen des Lehrauftrages der Rechtsinformatik fällt. Darüberhinaus aber hat sie es auch und vor allem mit dem Interpretationsproblem zu tun. Die restlose Symbolisierung im Vollzug der Datenverarbeitung bewirkt ja einen vollständigen Verlust an inhaltlicher Bedeutung, welch letztere nachträglich wiederherzustellen das eigentliche Forschungsanliegen der Rechtsinformatik sein muß.

Soweit es sich um die Informatik handelt, geht es darum, einen Grundkurs in Informatik zu absolvieren, der entbehrlich werden wird, sobald dieses zentrale Bildungsthema unserer Zeit schon in den Schulen in gebührender Weise behandelt werden wird. Es geht dabei um Kenntnis der Grundprinzipien datenverarbeitender Maschinen und vor allem um Einsichten in deren spezifische Leistungsfähigkeit und Grenzen. Die Kenntnis einer der problemorientierten Programmiersprachen, wie sie in den letzten Jahren entwickelt worden sind, ist dabei nicht vorausgesetzt. Entscheidend ist die Kenntnis der methodischen Grundlagen, die eine sinnvolle Zusammenarbeit mit Informatikern angesichts juristischer Problemstellungen ermöglicht. Dabei ist zu bedenken, daß die Anstrengungen der Informatik in den nächsten Jahren wohl auf eine größere Benutzernähe hin ausgerichtet sein werden.

Die Bewältigung sprachtheoretischer Grundfragen dürfte angesichts des erwähnten Interpretationsproblems in der Logik aus rechtstheoretischer Sicht gegenwärtig wohl die größte Bedeutung haben. Sprachwissenschaft und Rechtswissenschaft, die sich im 19. Jahrhundert in enger Nachbarschaft befanden und sich dessen bewußt waren, haben sich in unserem Jahrhundert auseinandergelebt. So sind wichtige und für die Rechtsinformatik relevante Strömungen wie der linguistische Strukturalismus lange Zeit nicht ins rechtstheoretische Blickfeld geraten. Erst in allerjüngster Zeit zeichnet sich hier mit der Entstehung einer „Rechtslinguistik" genannten Disziplin ein Wandel ab. Dabei zeigt sich, daß hier dem Einsatz formaler Methoden Grenzen gezogen sind, von denen einige wahrscheinlich unüberwindbar sind. Dies lenkt das Augenmerk auf die Frage nach möglichen Änderungen rechtstheoretischer Strukturen, mit denen diese Grenzen zwar nicht überwunden, wohl aber verschoben werden können. Diese Frage führt zugleich zu den praktischen Anwendungen.

Hier zeichnen sich gegenwärtig drei große Bereiche ab: die automatisierte Rechtsdokumentation durch den Einsatz elektronischer Textdatenbanken (Teil B, Kap. I), die Entscheidungsautomatisierung (Teil B, Kap. II) und der Einsatz formaler Methoden zur globalen Steuerung und Optimierung sozialer Systeme im Sinne final angestrebter Rechtswertentscheidungen (Teil B, Kap. III). Auf diesen Gebieten dürften gegenwärtig die konkretesten Forschungsschwerpunkte liegen.

Auf allen drei Gebieten werden sich nach Überzeugung des Verfassers Fortschritte erzielen lassen, wenn man den Einsatz formaler Methoden im Recht an dem Ziel ausrichtet, Rechtsfälle (soziale Konflikte) zu strukturieren und mit dem Ziel eines automatisierten Ähnlichkeitsvergleiches gemäß vorgegebenen Wertkriterien darstellbar zu machen. Diese Operation steht im Mittelpunkt aller rechtstheoretischen Überlegungen. Sie ist so kompliziert, daß bei inhaltlichem Denken nur eine verbale Verdeckung dieser Operation unter abstrakten Begriffen und Sätzen möglich ist. Die Chance, diese Operation künftig nicht mehr im bisherigen Ausmaß verbal zudecken zu müssen, sondern unter Einsatz formaler Methoden aufdecken, aufarbeiten und rational bewältigen zu können, ist die Chance, welche die Rechtsinformatik der Rechtstheorie und damit auch der Rechtspraxis bieten kann.

A. Grundlagen

I. Rechtsinformatik – eine neue juristische Disziplin

Seit einigen Jahren wird der Einsatz der elektronischen Datenverarbeitung im Recht praktiziert und diskutiert. Dabei lassen sich drei verschiedene Phasen unterscheiden. Die erste Phase fällt zeitlich in die fünfziger und frühen sechziger Jahre unseres Jahrhunderts. Sie war durch Skepsis gekennzeichnet. Das in diesen Jahren entwickelte technische und methodische Instrumentarium der Datenverarbeitung wurde im juristischen Allgemeinverständnis nicht als ein Faktor gesehen, der wesentliche rechtstheoretische Fragestellungen auch nur zu berühren imstande war. Autoren, welche den gegenteiligen Standpunkt vertraten – in den USA etwa Loevinger (*0.8*), in der Bundesrepublik Deutschland beispielsweise Fiedler (*0.1*), Ulrich Klug (*0.6*) und Simitis (*0.11*) – waren einsame Rufer in der Wüste. Die herrschende Auffassung erblickte im Einsatz von Maschinen im Recht eine „Mischung aus Utopie und Barbarei" (Haft, *0.3*, 2f.); ihr erschien das Urteil aus dem Computer nicht als der „Triumph der Gerechtigkeit, sondern der Inhumanität und Unzulänglichkeit" (Fischerhof, *0.2*, 1197). Die Relevanz der Computerwissenschaft für die Rechtstheorie wurde entweder geleugnet oder vorwiegend unter negativem Blickwinkel gesehen.

Dieser Zustand änderte sich im Jahre 1970. Die

zweite Phase der Rechtsinformatik setzte ein, die Phase der Euphorie. Die ersten Monographien zum Thema „Datenverarbeitung im Recht" erschienen (Simitis, *5.6*; Haft, *0.3*). An der Universität Regensburg führte Steinmüller die ersten Lehrveranstaltungen zur Rechtsinformatik an einer europäischen Universität durch. Das erste Lehrbuch wurde veröffentlicht (Steinmüller, *0.13*). Vor dem 48. Deutschen Juristentag in Mainz wurde im Jahre 1970 eine große Datenbank-Demonstration durchgeführt (Verhandlungen, *0.15*). Die Frage nach einer neuen juristischen Disziplin wurde erstmals gestellt (Podlech, *0.9*).

Der Zeitgeist hatte sich geändert. In den folgenden Jahren setzten vielfältige Aktivitäten ein. Zahlreiche juristische Fakultäten, für die stellvertretend nur die Münchener Fakultät genannt sei (Arthur Kaufmann, *0.5*), führten regelmäßige Lehrveranstaltungen zur Rechtsinformatik ein. Drei der Rechtsinformatik gewidmete wissenschaftliche Fachzeitschriften wurden gegründet (DSWR, DVR, ÖVD). Der erste große internationale Kongreß über juristische Informationssysteme fand 1973 in München statt (Gernert, *1.3*). Eine Fülle von Veröffentlichungen, welche vollständig zu überblicken selbst dem Fachmann längst nicht mehr möglich ist, setzte ein. Sie zeigt, daß die vielbeschworene Informationslawine vor niemandem, auch nicht vor ihren Beschwörern, haltmacht. Die Datev in Nürnberg, ein genossenschaftliches Rechenzentrum für die Angehörigen des steuerberatenden Berufes, baute eine (inzwischen voll funktionsfähige und im praktischen Einsatz befindliche) elektronische Steuerrechtsdatenbank auf (Conradi, *5.1*). Und die Bundesregierung nahm mit dem Projekt Juris das wohl umfassendste und ehrgeizigste Projekt der Welt in Angriff, welches danach trachtet, den

Computer zur Lösung der juristischen Informationsprobleme einzusetzen (Das Juristische Informationssystem *5.4*; dazu Haft/Müller-Krumbhaar, *5.3*).[1]

Das war die zweite Phase, und es ist sicher kein Zufall, daß sie in einer Zeit allgemeiner Reformfreudigkeit vollzogen wurde. Die dritte Phase ist die der Gegenwart. Ihr Merkmal ist eine gewisse Ernüchterung. Es hat sich gezeigt, daß die Trauben der Rechtsinformatik doch höher hängen, als man sich das ursprünglich gedacht hatte. Selbst ein so elementares Vorhaben wie das einer juristischen Volltextdatenbank stieß auf rechtstheoretische und vor allem sprachtheoretische Schwierigkeiten, die bislang nicht behoben werden konnten und die vielleicht prinzipiell nicht behebbar sind. So ist die Neigung gewachsen, die Trauben der Rechtsinformatik für sauer zu erklären, eine Neigung, die mit der stets vorherrschend gewesenen Auffassung all derer zusammentrifft, die den genuin geisteswissenschaftlichen Charakter der Rechtstheorie betonen. Trotz vielfältiger formaler Anstrengungen, trotz Rechtslogik (Klug, *2.4*), Rechtslinguistik (Podlech, *4.10*), Rechtstatsachenforschung (Baumgärtel, *8.1*) – um nur die wichtigsten formalwissenschaftlichen Anstrengungen zu nennen –, gilt doch nach wie vor, daß die Kategorien des Verstehens, Auslegens und Interpretierens von Normen und dogmatischen Lehr-

---

[1] Auf die Verhältnisse im Ausland kann hier nicht eingegangen werden. Über die Entwicklung in den USA, wo vielfältige Pionierarbeiten geleistet wurden, unterrichtet Hopt (*1.5*). Aus der französischsprachigen Literatur sei die jüngst erschienene Monographie von Steinauer (*0.12*) genannt. Dort finden sich Hinweise auf weiterführende französische Literatur. Weitere Informationen können in den Zeitschriften DSWR, DVR und ÖVD gefunden werden. In der Bundesrepublik Deutschland wurde im Jahre 1976 aufgrund einer Initiative von Kilian die deutsche „Gesellschaft für Rechts- und Verwaltungsinformatik" gegründet.

sätzen in der Rechtstheorie dominieren, Kategorien, die für Computer und Informatik als schlechthin irrelevant erscheinen müssen.

In dieser Situation liegt es nahe, ins Pauschale und Programmatische auszuweichen. Da der Zeitgeist nüchtern geworden ist, bedeutet dies keine Verkündung von positiven Visionen mehr, wie sie für die erste Phase der Rechtsinformatik kennzeichnend gewesen ist, sondern ein Beschwören der negativen Gefahren aus dem Computereinsatz im Recht. Besonders in der aktuellen Datenschutzdiskussion zeigt sich dieser Ausweg. Das verunglückte Wort „Datenschutz“ (gemeint ist damit nicht der Schutz von Daten, sondern der Schutz des Bürgers vor Mißbrauch der ihn betreffenden Daten) eröffnet den durch Methodenüberlegungen kaum behinderten Weg in das vertraute Gefilde des juristischen Bewertens und rechtspolitischen Meinens. Bezieht man dann weitere Rechtsprobleme der Datenverarbeitung mit ein, beispielsweise verfassungsrechtliche Fragen der Gewaltenteilung, urheber- und wettbewerbsrechtliche Fragen in bezug auf Computerprogramme, strafrechtliche Probleme der Computerkriminalität und dergleichen mehr, dann liegt es nahe, ein vermeintliches „Recht der Informationsverarbeitung“ zu konzipieren und von hier aus den gesellschaftswissenschaftlichen Aspekt der Automation in den Vordergrund zu rücken (Steinmüller, *0.14*, 131–168; kritisch dazu Haft, *1.4*, 112–115). Eine solche Konzeption ist aus zwei Gründen abzulehnen. Einmal handelt es sich hier um eine „ganz normale Rechtsdogmatik, die nicht punktuell und damit notwendigerweise dilettantisch der Rechtsinformatik inkorporiert, sondern dem Verfassungs-, Verwaltungs-, Urheber- und Wettbewerbsrecht usw. belassen werden sollte“ (Hopt, *1.6*, 160). Zum anderen ist es gerade in Zeiten der Ernüchterung verhängnisvoll, in die Beliebigkeit des Meinens abzugleiten, statt sie mit einem unbeirrten Bemühen um Methode durchzustehen. Nur um diese geht es der Rechtsinformatik, die in diesem Sinne mit einer trefflichen Begriffsbestimmung von Hopt als die „Wissenschaft von der Erfassung und Veränderung der Informations- und Entscheidungsstrukturen in rechtlichen Regelungssystemen mittels formalisierender Methoden insbesondere unter Einsatz der EDV" (*1.6,* 155) bezeichnet werden kann.

In dieser Bestimmung liegt mehr als nur die in der Pionierphase gestellte Frage nach den Einsatzmöglichkeiten der Datenverarbeitung zur Vorbereitung und Bewältigung rechtlicher Aufgaben. In ihr liegt auch mehr als die bloße Frage nach der Formalisierbarkeit des Rechts. Beide Fragen wurden in den letzten Jahren gestellt. Auf der Suche nach den richtigen Antworten wurden das Problembewußtsein gestärkt und wertvolle neue Einsichten gewonnen. Aber eine wesentliche Schranke wurde nicht überwunden: die Orientierung der traditionellen, zwangsläufig inhaltlich (verbal) verfahrenden Rechtstheorie am Verhältnis von Gesetz und Richterspruch, wie es im Mittelpunkt der juristischen Methodenlehre steht (Kaufmann-Hassemer, *8.14*, 35 f.). Diesem Denken muß das Gesetz als eine statische Größe erscheinen, welche im Einzelfall jeweils nur kognitiv ausgemacht zu werden braucht. Erst in der Gegenwart, namentlich durch die Anstrengungen der juristischen Hermeneutik, wurde dieses „Subsumtionsdogma" als unhaltbar erkannt (Arthur Kaufmann, *4.7,* 359–368). Aber die Statik des Gesetzes blieb. Als dynamische Größe konnte nur der Rechtsanwender ausgemacht werden, der in einem schöpferischen Akt (und zwar ausnahmslos) Fall und Gesetz in ihrer gegenseitigen Verwiesenheit ausmacht, beide unter Bewußtmachung seines „Vorverständnisses“ (Esser, *8.5*) in die „Entsprechung“ (Arthur Kaufmann, *8.11*, 287) bringt und durch Argumentation mit den Rechtsunterworfenen Konsens über die Richtigkeit der Entscheidung herbeizuführen sucht. Erst in jüngster Zeit, durch die Anstrengungen der namentlich von Noll *(8.20)* ausgearbeiteten Gesetzgebungslehre sind die Möglichkeiten einer Abkehr vom traditionellen Schema „Gesetz und Richterspruch“ ins Blickfeld gerückt. Aber solange die Gesetzgebungslehre dem traditionellen juristischen Methodenkanon verhaftet bleibt, kann sie sich von den Fesseln verbaler Anstrengungen nicht lösen. Diese liegen darin, daß formal komplizierte Zusammenhänge, wie sie beispielsweise durch die Eröffnung mehrdimensionaler Entscheidungsräume gegeben sind, bei inhaltlicher Denkweise nur unzugänglich oder überhaupt nicht bewältigt werden können. Gerade hier aber liegt die igentliche Stärke der automatisierten Datenverarbeitung. Es ist darum nicht sinnvoll, nur zu fragen, welche der *vorhandenen* Informations- und Entscheidungsprozesse im Recht formalisierbar und damit auf Maschinen übertragbar sind. Die richtige Frage lautet vielmehr, ob diese Prozesse angesichts eines erweiterten formalen Instrumentariums so *geändert* werden können, daß inhaltlich bessere Ergebnisse als bisher herauskommen (wobei alle inhaltlichen – wertungsmäßigen – Fragen menschlicher Entscheidung zugewiesen bleiben).

Diese Betrachtung ermöglicht den Übergang von der mikroskopischen zur makroskopischen Methode. Das Recht wird nicht mehr nur als ein möglichst geschlossenes System von Wertaussagen gesehen, die ein geistiges Gefüge von Normen und Normkomplexen bilden, aus denen im Einzelfall die Anweisung für rechtes Handeln und Entscheiden zu entnehmen ist. Vielmehr wird auf die Funktion des Rechts abgestellt, bestimmte soziale Verhältnisse zu regeln und gemäß vorgegebenen Zielvorstellungen sowohl im Einzelfall als auch insgesamt optimal zu gestalten. Rechtsinformatik ist also „keine mit den Mitteln exakter Wissenschaft betriebene Ersatzdogmatik" (Hopt, *1.6*, 156); ihr Interesse richtet sich vielmehr „auf die Struktur rechtlich normierter, zugleich als gesellschaftliche Realität betrachteter Zusammenhänge (z. B. Organisationen, Verfahren, Regelungen, Dokumente) im Hinblick auf die Datenverarbeitung" (Fiedler, *1.2*, 117). Der Rechtsinformatik geht es um die Informations- und Entscheidungsstrukturen im Recht. Sie sollen erforscht werden. Erkannten Mängeln soll nicht punktuell, sondern strukturell abgeholfen werden. Das setzt zweierlei voraus, nämlich erstens die Erschließung des formalwissenschaftlichen Instrumentariums, wie es in benachbarten Disziplinen schon geschaffen ist; insoweit ist Rechtsinformatik als Theorie interdisziplinär. Zweitens verlangt es den steten Blick auf das konkret auch Durchführbare. Die Rechtsinformatik ist durchweg praxis- und anwendungsbezogen.

Was den ersten Punkt angeht, muß bedacht werden, daß formalwissenschaftliches Vorgehen das konsequente Sich-frei-Machen von allen inhaltlichen Problemen bedeutet, um Methoden zu finden, die letztlich dann wieder bei verschiedenen inhaltlichen Problemen zu befriedigenden Lösungen führen. Das beste Beispiel hierfür bietet wohl die kybernetische (formale) Systemtheorie, die von der inhaltlichen Beschaffenheit aller realen Gegenstände (z. B. Lebewesen, Maschinen, soziale Gebilde) abstrahiert, um nur mehr Elemente und deren Struktur, also die zwischen ihnen bestehenden Relationen zu sehen. Auf diese Weise ist es gelungen, die Gesetzmäßigkeiten zu klären, nach denen die verschiedensten dynamischen Systeme durch Regelung (Rückkopplung) stabil bleiben oder aber in sogenannten Reglerkatastrophen zusammenbrechen. So unterschiedliche Ereignisse wie ein Hitzschlag eines Menschen und ein schwarzer Freitag an der Börse konnten dadurch auf einen gemeinsamen Nenner gebracht werden. Wenn also der interdisziplinäre Bezug der Rechtsinformatik zu den Nachbarwissenschaften betont wird, dann nicht, um zu einer Betätigung in Linguistik usw. mit unzureichendem Rüstzeug aufzufordern, sondern um den Blick für die Gemeinsamkeit der formalen Struktur mancher Probleme in verschiedenen Disziplinen zu schärfen und von andernorts gewonnenen Erfahrungen zu profitieren.

Was den zweiten Punkt angeht, ist zu bedenken, daß Rechtsinformatik nicht nur die (wertfreie) Theorie des (formal) Möglichen im Recht ist, sondern zugleich die Kritik dieser Möglichkeiten leisten muß, will sie nicht diese unerläßliche Aufgabe weniger kompetenten Disziplinen überlassen. Konkret bedeutet dies, daß beispielsweise Änderungen im Gewaltenteilungssystem durch den Einsatz der Datenverarbeitungen, wie sie sich schon jetzt in einem möglichen Informationsvorsprung der Exekutive vor der Legislative abzeichnen, kritisch mitbedacht und durch geeignete Maßnahmen vermieden werden. Dies muß auch auf die Gefahr hin geschehen, daß technisch vielleicht optimale Lösungen nicht verwirklicht werden. Denn nicht weil etwas erreichbar ist (oder als erreichbar gilt), sondern weil es wünschbar ist, sollte es erstrebt werden. Dies gilt auch und besonders für die Praxis der Rechtsinformatik.

II. Logische Grundlagen

Das Verhältnis von Informatik und Rechtstheorie wird vielfach so gesehen, als gehe es hier ausschließlich um die Realisierung von logischen Prozessen. Daran ist richtig beobachtet, daß die (moderne) Logik die Formalwissenschaft par excellence ist – und allein um die Reichweite formal verfahrender Methoden geht es ja in der Rechtsinformatik. Der Computer stellt nichts anderes als ein Gerät zur technischen Realisierung bestimmter aussagenlogischer Verknüpfungen dar. Indes sind hier zwei Punkte zu beachten. Zunächst einmal ist das, was im Selbstverständnis der meisten Juristen als „Logik" gilt, hier gerade nicht einschlägig; es geht nicht um die klassische (inhaltliche), sondern die moderne (formale) Logik. Der Unterschied wird in diesem Kapitel verdeutlicht werden. Sodann geht es nicht um Logik allein; es geht um ihre Anwendung, um die Interpretation der logischen Kalküle, um den „Zwischentext", von dem Carnap (*4.3*, Vorwort S. III) gesprochen hat – und es wird sich zeigen, daß hier die eigentlichen Probleme liegen. Daher rührt die große Bedeutung sprachtheoretischer Grundfragen (s. u. Kap. III), und von hier aus ergibt sich erst der eigentliche Bezug zur zeitgenössischen Rechtstheorie mit ihren Gegensätzen, wie sie exemplarisch von den Polen juristische Logik auf der einen, juristische Hermeneutik auf der anderen Seite verkörpert werden (Kaufmann-Hassemer, *8.14,* 65–*72*).

Die moderne Logik ist formal, nicht inhaltlich – was heißt das? Es heißt, daß jeder Bezug zur Welt der Erfahrung abgeschnitten ist. Die logische Formel ist nicht ontologisch fundiert; ihre Basis ist vielmehr durch Vereinbarung festgesetzt worden, und zwar restlos. Die klassische Logik als die Lehre vom Begriff, vom Urteil und vom Schluß kannte zwar auch die Kategorie des Formalen, aber es blieb ihr immer ein inhaltlicher Rest. In der Lehre vom Begriff zeigt sich dies an der Begriffseinteilung nach Art und Gattung (Omnis definitio fit per genus proximum et differentiam specificam). Das Schulbeispiel ist die Definition des Schimmels als eines Pferdes (genus proximum), welches weiß ist (differentia specifica). Aber wer sagt, daß es nicht umgekehrt liegt, daß nicht der Schimmel etwas „pferdeförmiges Weißes" ist? Die Evidenz sagt es, der Verweis auf die Erfahrung, womit der Bereich des Logischen verlassen wird (Seiffert, *8.25,* 35 f.). In der Lehre vom Urteil zeigt sich dies an den Versuchen, vollständige Tafeln unserer Urteilsformen aufzustellen. Kant, der zwölf Urteilsformen aufstellte und aus ihnen zwölf Verstandeskategorien ableitete, welche die Formen der realen Gegenstände in der Welt konstitutiv hervorbringen sollen (*8.9,* 140, 150, A 70, 80; B 95, 105), war sich der Vollständigkeit seiner Tafeln gewiß. Aber sie haben trotz des Respektes vor Kants Grundgedanken in der Ausführung wenig Beifall gefunden. Andere Denker haben andere Kategoriensysteme geschaffen. „Sämtlich sind sie ohne das Ergebnis geblieben, eine allgemein-verbindliche Übersicht und innere Strukturiertheit der Gesamtheit unserer Grundkategorien zum Besitz zu machen" (Jaspers, *8.8,* 39). Auch die Urteilsformen appellieren an die Evidenz, und die Evidenz kommt aus der Erfahrung, so daß letztlich ontologische Gegebenheiten unausweichlich mit ins Spiel kommen.

Von größerer Bedeutung als die Lehre vom Begriff und vom Urteil ist für die Rechtstheorie die durch Aristoteles begründete Lehre vom Schluß. Im Schluß werden mehrere Urteile miteinander verknüpft. Für Aristoteles folgte alle Gewißheit entweder aus Induktion (d. h. aus dem Besonderen) oder durch Beweis aus dem Allgemeinen (Schluß). Der mittelbare Schluß, bei dem aus einem Obersatz (praemissa maior) und einem Untersatz (praemissa minor) ein Schlußsatz (conclusio) gefolgert wird, der sogenannte Syllogismus, entspricht dem traditionellen juristischen Methodenschema, aus einem allgemeinen Sollenssatz (Norm) über eine konkrete Ereignisdarstellung (Fall) zur Entscheidung (dem Urteil) zu kommen, ein Zusammenhang, der in neuerer Zeit von Engisch (*2.3*) wieder eingehend untersucht worden ist (vgl. auch Larenz, *8.17*, 255–261).

Aristoteles dachte sich die Verbindung der beiden Prämissen in der Weise, daß ein ‚Mittelbegriff', der beiden Prämissen gemeinsam ist, und der gleichsam herausgekürzt werden kann, den Schluß ermöglicht. Im Urteil wird ein Subjektbegriff (S) über die Kopula (z. B. ‚a' [von affirmo] als allgemein bejahendes Urteil) mit einem Prädikatsbegriff (P) verbunden.

S a P

Ersetzt man nun einmal S durch den Mittelbegriff M, zum anderen P, erhält man zwei Urteile, aus denen man durch Herauskürzen von M die conclusio gewinnt:

M a P	(praemissa maior)
S a M	(praemissa minor)
S a P	(conclusio)

(Aristoteles, *2.1*, § 26, Nr. 16).

Je nach der Stellung des vermittelnden M-Begriffes in den Prämissen lassen sich insgesamt vier Schlußfiguren bilden, aus denen wiederum je nach den strukturellen Bedingungen, denen die Prämissen hinsichtlich der Urteilsformen Quantität und Qualität genügen müssen, jeweils 16 sogenannte Modi, insgesamt also 64 syllogistische Modi gebildet werden können (Strombach, *2.7*, 99 bis 111). Für diese wurden nach bestimmten Regeln Merkwörter eingeführt (Strombach, *2.7*, 117). So heißt beispielsweise der erste Modus der ersten Figur *modus barbara.* Er stellt die Grundform des traditionellen juristischen Schlusses dar, wie folgendes Beispiel zeigt:

Alle Diebe werden bestraft
Alle Angeklagten sind Diebe
———————————————
Alle Angeklagten werden bestraft

(Klug, *2,4*, 47 f.).

Nun ergab eine Überprüfung an inhaltlichen Beispielen, daß von den 64 konstruierbaren Modi nur ein Teil zu sinnvollen Ergebnissen führt. Als Beispiel sei die zweite Figur genannt, deren Strukturformel lautet

PM
SM
——
SP

Werden beide Prämissen bejahend gebildet, so ergibt

die Methode des Herauskürzens von M keinen Sinn (Beispiel: Krokodile sind Tiere, Wildschweine sind Tiere – was folgt daraus? Strombach, *2.7*, 107). Es muß also hier notwendig eine Prämisse verneinend sein. Auf diese Weise reduzierte sich die Zahl der zulässigen Modi auf insgesamt 19 (jeweils vier Modi für die erste und zweite Figur, sechs Modi für die dritte und fünf für die vierte Figur).

Geleistet werden sollte auf diese Weise die Trennung zwischen logischer Folgerichtigkeit (consequentia) und inhaltliche Wahrheit. Die Wahrheit als erkenntnistheoretische Kategorie betrifft die Urteile; die Frage nach der Wahrheit ist eine ontologische Frage. Die Folgerichtigkeit dagegen betrifft den Schluß: die Frage nach der Folgerichtigkeit ist eine logische Frage. Am deutlichsten wird dies bei der hypothetischen Fassung der Urteile: Wenn alle Rechtsinformatiker schlechte Bücher schreiben und der Verfasser dieses Buches ein Rechtsinformatiker ist, dann ist das vorliegende Buch schlecht. Dieser Schluß ist logisch richtig, inhaltlich aber falsch, wovon sich der Leser leicht überzeugen kann.

Die Kritik an der klassischen Logik läßt sich dahin zusammenfassen, daß kein im Rahmen eines geschlossenen Systems geführter Beweis für die Richtigkeit der Schlußfiguren gegeben wird. „Man verläßt sich auf die Evidenz dieser Syllogismen, d. h. also darauf, daß sie unbezweifelbar einleuchtend sind" und vermengt damit „Logik und Psychologie" (Klug, *2.4*, 48 f.). Diese Kritik hat sich im Laufe einer langen geschichtlichen Entwicklung geformt, und da aus ihr die formale Logik erwachsen ist, und im Kontext dieser Bemühungen auch die Entwicklung der Computer zu sehen ist, fördert es das Verständnis der heutigen Rechtsinformatik, diesen historischen Hintergrund zu verdeutlichen.

Als Kant in der Vorrede zur 2. Auflage der ‚Kritik der reinen Vernunft' im Jahre 1787 die vielzitierten Worte schrieb, daß die Logik „seit dem Aristoteles keinen Schritt rückwärts hat tun dürfen", aber auch „keinen Schritt vorwärts hat tun können, und also allem Anschein nach geschlossen und vollendet zu sein scheint" (*8.9*, 21 f., B S. VIII), irrte er. Zu diesem Zeitpunkt hatte Leibniz längst das Programm einer characteristica universalis skizziert, einer vollkommen inhaltlosen Kunstsprache, die nur mehr Symbole enthalten sollte, mit denen nach rein formalen Regeln zu operieren sein würde. Dadurch sollte der Denkballast bei der Verwendung inhaltlicher Begriffe der Umgangssprache und die daraus resultierende Gefahr von Fehlern infolge ontologischer und psychologischer Assoziationen ebenso vermieden werden, wie das in der Mathematik gelungen war. Statt mit inhaltsbetrachteten Begriffen sollte mit dem calculus ratiocinator operiert werden, dem Kalksteinchen, mit dem man rechnen, das man ‚ins Kalkül ziehen' kann (Scholz, *2.5*, 48 f., Klug, *2.4*, 17).

Die moderne Logikforschung, die etwa um die Mitte des 19. Jahrhunderts einsetzte, hat – was Leibniz selbst noch verwehrt geblieben war – dieses Programm erfüllt. Sie hat die schon bei Aristoteles vorhandenen Ansätze zu einer Symbolisierung vollendet und die Verankerung der Logik in der Wirklichkeit gelöst. Dies geschah durch konsequente Anwendung der (ebenfalls bereits ansatzweise vorhandenen) axiomatischen Methode, wobei die Konsequenz darin liegt, daß die Zahl der unbewiesen aufgestellten Aussagen (der Axiome) und der undefiniert aufgestellten Grundbegriffe möglichst gering gehalten wird und die Ableitungsregeln (Beweisregeln, Definitionsregeln), welche zu den abgeleiteten Aussagen (Theoremen) und den abgeleiteten Begriffen führen, vollständig und explizit abgegangen werden (Klug, *2.4*, 15). Die Begriffe Axiomatisierung und Formalisierung sind also nicht notwendig miteinander verknüpft; vereint aber stellen beide Techniken eine mächtige Waffe dar, deren Speerspitze die elektronische Datenverarbeitung bildet. Freilich hat diese Waffe ihren Preis: der inhaltliche Bezug zur realen Wirklichkeit geht restlos verloren, und das zwingt zu mühsamen Interpretations- und Überbrückungsversuchen, die man etwa bei den Verfahren der automatisierten Rechtsdokumentation (s. u. Teil B, Kap. I) anschaulich studieren kann. Hier, nicht in den logischen Kalkülen, liegen heute die eigentlichen Probleme.

Der Unterschied zur klassischen Logik zeigt sich zunächst in der Lehre vom Begriff. In der Definitionslehre der klassischen Logik unterschied man Nominaldefinitionen (‚Taufe' von Gegenständen auf einen Namen) und Realdefinitionen (Bestimmung des Wesens eines Gegenstandes durch Definition per genus proximum et differentiam specificam). Der letztere Weg sollte zu Erkenntnis führen; diesem Ziel dienten die in der Antike aufgestellten Begriffsbäume von der Art der arbor Porphyriana (Strombach, *2.7*, 16–19). Die ontologische Verankerung und die daraus resultierende Problematik dieses Vorganges wurde oben aufgezeigt. Die Definitionslehre der modernen Logik verfährt darum anders. Sie unterscheidet explizite Definitionen (bloße Abkürzungsgleichungen) von impliziten Definitionen (Startbehauptungen) (Klug, *2.4*, 87–96). Das bedeutungsschwere Problem des Anfangs in der Logik (und allgemeiner: in der Sprache) wird damit zwar nicht gelöst, aber auf höchst elegante Weise ausgeklammert. Tatsächlich ist dieses Problem nicht lösbar. Der Raum der Sprache kann denkend und erkennend nicht verlassen werden. Ein Punkt, von dem aus alles neu und irrtumsfrei aufgebaut werden könnte, ist nicht in Sicht. Alles, was heute getan werden kann, ist ein vertrauensvoller Beginn „inmitten der Sprache, die wir ‚immer schon' sprechen, und inmitten der sprachlich erschlossenen Welt, in der wir vor aller Wissenschaft immer schon leben" (Kamlah-Lorenzen, *4.6*, 17). Hier wird die große Bedeutung einer ‚Logischen Propädeutik' sichtbar, einer ‚Vorschule des vernünftigen Redens', wie sie Kamlah-Lorenzen in vorbildlicher Weise entwickelt haben (*4.6*). Leider kümmern sich die meisten Logiker demgegenüber noch immer viel zu wenig um die Anwendung ihrer Kalküle.

Eine Startbehauptung im eben dargelegten Sinne ist die Behauptung, daß es Wahrheit gebe. Die formale Logik verwendet diesen Begriff als Grundbegriff, der implizit (ohne Bezug auf andere Begriffe) definiert wird. Was Wahrheit ist, bleibt dabei offen. Diese Frage wird einer anderen Disziplin, der Erkenntnistheorie, zugewiesen. Durch Negation läßt sich dann der Ausdruck falsch durch den Ausdruck nicht-wahr definieren. Damit sind die Grundlagen des Aussagenkalküls als des elementarsten Teiles der modernen Logik bereits gelegt (Klug, *2.4*, 21–46).

Aussagen sind alle Sätze, von denen es sinnvoll ist, zu sagen, sie seien wahr oder falsch. Damit ergibt sich die Möglichkeit, mehrere Aussagen mit unterschiedlichen Wahrheitswerten miteinander zu verknüpfen und den Wahrheitswert der ganzen Aussagenverknüpfung zu bestimmen. Man sieht, daß hier der klassischen Lehre vom Urteil der Boden entzogen ist. Um diese Lehre hat sich besonders Kant mit seiner Unterscheidung von analytischen (Erläuterungs-) und synthetischen (Erweiterungs-) Urteilen bemüht. Die ersteren erläutern nur, was im Begriff schon („obgleich verworren") gedacht werde; die letzteren dagegen führen zu Erkenntnis, wie alle Erfahrungsurteile (synthetische Urteile a posteriori) zeigen (Kant, *8.9*, 58–72, A 7–10; B 9–24). Für Kants Bemühen um eine wissenschaftliche Metaphysik war nun die Frage bestimmend, ob es synthetische Urteile a priori (also vor jeder Erfahrung) gebe. Kant bejahte dies unter Verweis auf mathematische und naturwissenschaftliche Urteile. In der Metaphysik müsse es ebenso sein, denn „wir wollen unsere Erkenntnis a priori erweitern, wozu wir uns solcher Grundsätze bedienen müssen, die über den gegebenen Begriff etwas hinzutun, was in ihm nicht enthalten war, und durch synthetische Urteile a priori wohl gar so weit hinausgehen, daß uns die Erfahrung selbst nicht so weit folgen kann ..." (Kant, *8.9*, 67 f.; B 18). Kant ist so weit hinausgegangen. Er hat die Insel der empirischen Erfahrungen, das ‚Land der Wahrheit', verlassen und den ‚Ozean des Scheins' durchkreuzt, um zu sehen, ob nicht doch die „Herrlichkeit in Wahrheit zu erfahren ist" (Jaspers, *8.8*, 76). Eine gewaltigere erkenntnistheoretische Anstrengung ist noch nie unternommen worden, als Kant sie mit seinem Versuch unternommen hat, über die Frage „Wie sind synthetische Urteile a priori möglich?" eine wissenschaftliche Metaphysik zu begründen. Aber die Anstrengung hat sich als zu schwer erwiesen. So kam es dazu, daß im Neukantianismus die Metaphysik geleugnet wurde; der Rechtspositivismus, der nichts mehr kennt als das positive, das empirische Gesetz, zeugt eindrucksvoll von dieser Überforderung.

Die logische Urteilslehre führt also nicht zu ontologischer Erkenntnis. Man muß die Unterschiede sehen, die zwischen Sprache als einem bloßen Zeichensystem, Sprache als einem auf die Wirklichkeit bezogenem Medium des Denkens (Objektsprache) und Sprache als einem Mittel zur Interpretation wiederum von Sprache (Metasprache) bestehen. Logikkalküle stellen bloße Zeichensysteme dar. Sie sind inhaltslos und bedürfen der Interpretation in einer Metasprache, letztlich also immer der Umgangssprache, die zugleich als Objektsprache auf die Wirklichkeit bezogen ist, so daß diese Interpretation parallel zur Erfassung eben dieser Wirklichkeit vorgenommen werden muß. Die Logik entnimmt der Wirklichkeit nichts, und sie gibt ihr nichts. Sie muß von außen her möglichst zweckmäßig gedeutet werden; aus ihr selbst und allein folgt nichts.

In der Behandlung der klassischen Lehre vom Schluß durch die moderne Aussagenlogik wird dies vollends deutlich. Das Verfahren, zwei Urteile über einen gemeinsamen Mittelbegriff zu verbinden, den Mittelbegriff herauszukürzen und an die Evidenz zu appellieren, um zu zeigen, unter welchen Voraussetzungen dieses Verfahren folgerichtig sei und unter welchen nicht, wurde nicht beibehalten. Statt dessen überlegte man, welche Aussagenverknüpfungen mit welchen Wahrheitswertverteilungen sich von außen her auf eine zweckmäßige Weise in Anlehnung an die Mittel der Umgangssprache interpretieren lassen. Dazu griff man auf jene umgangssprachlichen Bindewörter zurück, die nichts bedeuten, bei denen kein gegenständliches Korrelat existiert und deren Funktion allein darin besteht, „daß sie angeben, wie der Wahrheitswert . . . der mit ihrer Hilfe gebildeten Aussagen abhängt vom Wahrheitswert der beteiligten Komponente bzw. der beteiligten Komponenten" (Stegmüller, *4.15*, 70).

Es handelt sich gleichsam um die „Haken und Klammern" der Sprache, die sogenannten „logischen Partikeln" (Kamlah-Lorenzen, *4.6*, 151). Ein Beispiel wurde bereits erwähnt, die Negation (‚nicht'). Sie bedeutet nichts, sondern hat die Funktion, anzugeben, daß eine bestimmte Aussage den Wahrheitswert ‚falsch' hat. Derartige umgangssprachliche Haken und Klammern gibt es nun zahlreich, z. B. ‚und', ‚oder', ‚wenn-dann' usw. Das letztere Beispiel entspricht dabei der Verbindung zweier Aussagen durch Schlußfolgern im klassischen Sinne. Der oben erwähnte Syllogismus läßt sich unter seiner Verwendung wie folgt umformulieren:

Wenn die Angeklagten Diebe sind,
dann sollen sie bestraft werden.

Es ist zu sehen, daß die Funktion der Wenn-dann-Verknüpfung darin besteht, zwei Teilsätze A und B in Abhängigkeit von ihren jeweiligen Wahrheitswerten miteinander zu knüpfen. Diese Funktion ist abtrennbar von der ontologischen Kausalitätsbeziehung, die hier nicht interessiert. Es geht allein um die Wahrheitswertverteilung, wobei die Frage gestellt ist, wie der Wahrheitswert der ganzen Verknüpfung A–B bei jeweils verschiedenen Wahrheitswerten von A bzw. B beschaffen sein muß, damit man ihn im Sinne einer ‚Wenn-dann-Beziehung' (künstlich und von außen her) definieren kann.

Die Vorfrage dazu lautet, welche Wahrheitswertverteilungen in bezug auf die Teilsätze (Aussagen) A und B überhaupt möglich sind. Die Darstellung erfolgt gewöhnlich in einer Wahrheitstafel. Diese Darstellung geht auf Frege, Peirce und Wittgenstein zurück. In neuerer Zeit konkurriert mit ihr die dialogische Einführung durch Lorenzen (Kamlah-Lorenzen, *4.6*, 152–160). Diese Darstellung hat den großen Vorzug, an die umgangssprachliche Tradition der Dialektik anzuknüpfen und eine „tolerante Dialogführung" zu ermöglichen. Da aber in den meisten Lehrbüchern, insbesondere dem hier hauptsächlich in Bezug genommenen Werk von Ulrich

Klug (*2.4*) die Wahrheitstafeldarstellung verwendet wird, sei im folgenden von dieser ausgegangen (vgl. auch Reisinger, *6.2*, 51–62). Vorweg sei bemerkt, daß es hier nur um die prinzipiellen Überlegungen gehen kann; auf die Literatur zur Logik muß verwiesen werden. Dabei ist zu beachten, daß Terminologie und Zeichenverwendung durchaus nicht einheitlich sind (Übersicht bei Steinmüller, *0.13*, 10).

Folgende Wahrheitswertverteilung ist möglich:

A	B
W	W
W	F
F	W
F	F

(W = Wahr, F = Falsch).

Wie muß nun die entsprechende Wahrheitswertverteilung für die Verknüpfung der beiden Aussagen A und B aussehen, damit die Wahrheitswerttafel als Implikation (um eine solche geht es bei der Wenn-dann-Beziehung) gedeutet (definiert) werden kann? Dazu ist zunächst festzustellen, daß die Wenn-dann-Formel ungenau ist. Hinter ihr verbergen sich drei mögliche Beziehungen:

– stets wenn A – dann B (extensive Implikation);
– nur wenn A – dann B (intensive Implikation);
– stets und nur wenn A – dann B (gegenseitige Implikation).

Denkt man an das obige Beispiel, wird deutlich, daß die extensive Implikation eine Hauptrolle beansprucht. Über sie kann ausgesagt werden, daß der Wahrheitswert der Verknüpfung sicher den Wert W haben muß, wenn die erste Aussage A den Wert W hat und und die zweite Aussage B ebenfalls den Wert W hat. Hat dagegen A den Wert W und B den Wert F, muß die ganze Verknüpfung den Wert F haben. (Im Beispiel: X ist ein Dieb; er wird bestraft – die Verknüpfung ist wahr; X ist ein Dieb; er wird nicht bestraft – die Verknüpfung ist falsch.) In den restlichen beiden Fällen bleibt dagegen die Frage offen. Hat die Aussage A den Wahrheitswert F, kann B den Wert W oder F haben; die Implikation sagt hierüber nichts aus, so daß die Möglichkeit der Wahrheit der ganzen Verknüpfung bleibt; wegen dieser Möglichkeit wird den beiden verbleibenden Verknüpfungen der Wahrheitswert W gegeben. (Im Beispiel: X ist kein Dieb; er kann jedoch aus anderen Gründen, z. B. wegen Totschlags, strafbar sein.)

Damit ergibt sich für die extensive Implikation folgende Tabelle:

A	B	A → B
W	W	W
W	F	F
F	W	W
F	F	W

Erfahrungsgemäß bereitet das Verständnis der extensiven Implikation besondere Schwierigkeiten. Sie führt dazu, daß folgende Aussagen als wahr gelten: „Wenn zwei mal zwei gleich vier ist, dann ist der Schnee weiß“; „wenn zwei mal zwei gleich fünf ist, dann ist der Schnee weiß“; „wenn zwei mal zwei gleich fünf ist, dann ist der Schnee schwarz“. Als falsch muß dagegen die Aussage gelten: „Wenn zwei mal zwei gleich vier ist, dann ist der Schnee schwarz“ (Kamlah-Lorenzen, *4.6*, 155).

Die Logiker pflegen hier auf den Unterschied zwischen logischer und ontologischer Wahrheit zu verweisen. Sie betonen, es gehe nicht um die Kausalität, sondern um die logische Wahrheitswertverteilung. Gern werden hier die scholastischen Sätze „Ex falso sequitur quodlibet“ und „Verum sequitur ex quodlibet“ zitiert (Klug, *2.4*, 26), die ihrerseits auf Aristoteles zurückgehen (Aus Wahrem läßt sich nichts Falsches schließen, aber aus Falschem Wahres, Aristoteles, *2.1*, § 32, Nr. 16). Genau besehen zeigt sich hier eine Schwäche der Wahrheitstafelmethode, die bei der dialogischen Einführung der Junktoren vermieden wird. Wenn ein Proponent die extensive Implikation A → B behauptet, so läßt sich die darin enthaltene These nur dann widerlegen, wenn A den Wert Wahr, B den Wert Falsch enthält. Hier zeigt sich, daß die dialogische Entstehung der Logik in der griechischen Antike der Sache besser gerecht wird als die Wahrheitstafelmethode unserer Zeit (Kamlah-Lorenzen, *4.6*, 157–160).

In den Lehrbüchern der formalen Logik wird die extensive Implikation regelmäßig nach den einfacheren Aussagenverknüpfungen Negation (‚nicht‘), Konjunktion (‚und‘) und Adjunktion (einschließendes ‚oder‘) behandelt. Wenn sie hier vorangestellt wird, so einmal wegen der Hauptrolle, die sie in der Umgangssprache spielt, zum anderen deshalb, um deutlich zu machen, daß die aussagenlogischen Junktoren (ebenso wie alle Erweiterungen des Aussagenkalküls) nicht das Produkt einer geheimnisvollen Formalwissenschaft sind, aus der neue, bislang nicht vorhandene Erkenntnisse folgen. Vielmehr handelt es sich um formalsprachliche Kunstgebilde, die metasprachlich, d. h. umgangssprachlich, von außen her, einigermaßen mühsam, und mitunter auch sehr bemüht, interpretiert (definiert) werden müssen, wobei diese Interpretationen möglichst parallel zu den umgangssprachlichen Gegebenheiten erfolgen sollten.

Daß dabei zahlreiche umgangssprachliche Feinheiten verlorengehen, läßt sich am Beispiel der Konjunktion zeigen. Als Konjunktion ist diejenige Aussagenverknüpfung definiert, die wahr ist, wenn jede der beiden Aussagen den Wert wahr aufweist. In der Wahrheitstafel sieht das wie folgt aus:

A	B	A ∧ B
W	W	W
W	F	F
F	W	F
F	F	F

Die Umgangssprache kennt aber nicht nur das Wort ‚und'. Dieselbe Grundverknüpfung läßt sich mit jeweils anderer Akzentsetzung ausdrücken durch „A trotz B", „A, obwohl B", „A, aber auch B", „A neben B" usw. Alle diese Feinheiten gehen in der Sprache der Logik verloren (Strombach-Emde-Reyersbach, *2.6*, 69).

Man kann nun generell fragen: Wieviel Kombinationsmöglichkeiten gibt es, wenn zwei Aussagen, die jeweils wahr oder falsch sein können, miteinander verknüpft werden, und wie lassen sich diese umgangssprachlich interpretieren. Die Antwort auf die erste Frage ist $2^{2^2} = 16$; die Antwort auf die zweite Frage ergibt sich aus der Tabelle auf der nächsten Seite (Wittgenstein, *8.26*, Nr. 5. 101; vgl. auch Klug, *2.4*, 36).
Praktische Bedeutung haben hiervon vor allem die Negation (Spalte 7, 12), die Konjunktion (Spalte 4), die Adjunktion (Spalte 2) und die extensive Implikation (Spalte 13).

Auf die Erweiterungen der Aussagenlogik – Prädikatenlogik, Klassen- und Relationenlogik – ist hier nicht einzugehen (dazu Klug, *2.4*, 47–85). Wohl aber verdient das speziell unter juristischem Aspekt relevant

A	B	1	2	3	4	5	6	7	8	9	10	11	12	13	14	15	16
W	W	W	W	W	W	F	F	F	F	W	F	W	F	W	W	F	F
W	F	W	W	W	F	F	F	F	W	F	W	F	W	F	W	W	F
F	W	W	W	F	F	F	F	W	W	F	W	W	F	W	F	F	W
F	F	W	F	F	F	F	W	W	W	W	F	F	W	W	W	F	F
Grundverknüpfungen (definierte Grundbegriffe)		Tautologie	Adjunktion (A ∨ B)	Fall A	Konjunktion (A ∧ B)	Kontradiktion	Weder A noch B	Nicht A (¬A)	Unvereinbarkeit (A / B)	Äquivalenz (A↔B)	Disjunktion (A ╪ B)	Fall B	Nicht B (¬B)	Extensive Implikation (A→B)	Intensive Implikation (A➔B)	A und nicht B	B und nicht A

gewordene Problem einer deontischen Logik noch Erwähnung. Gerade von Juristen sind Zweifel dergestalt geäußert worden, daß es das Recht nicht mit deskriptiven, sondern mit präskriptiven Aussagen zu tun habe, mit Sollensnormen, von denen man nicht sinnvoll sagen könne, sie seinen wahr oder falsch (Zippelius, *8.28*, 124). Die Aussagenlogik mit ihren Erweiterungen wird darum als ungeeignet zur Behandlung derartiger Sätze angesehen.

Um an das obige Beispiel anzuknüpfen, besagt der Einwand, es sei nicht möglich, einen Satz von der Art „Die Angeklagten sollen bestraft werden" als wahr oder falsch zu bezeichnen. Von seiten der Logiker werden diese Zweifel durch das sogenannte Joergensensche Dilemma genährt (dazu Reisinger, *6.2*, 76; Wagner-Haag, *2.9*, 78 f.). Die deontischen Logiker mühen sich, dieses Problem zu bewältigen, indem sie versuchen, Kalküle auch ohne den Wahrheitsbegriff logisch zu deuten, um Folgerungsbeziehungen herstellen zu können. Es geht dabei allgemein um die Möglichkeit, Begriffe wie Möglichkeit, Notwendigkeit, Unmöglichkeit, Kontingenz (Zufälligkeit) usw. logisch zu analysieren. So hat Tammelo drei deontische Modalitäten eingeführt: geboten (obligatory), erlaubt (permissory) und freigestellt (licensory) (*2.8*, 90). Andere Versuche haben u. a. von Wright und Kalinowski unternommen (Nachweise bei Reisinger, *6.2*, 50). Doch ist, im Gegensatz zur allgemeinen Anerkennung, welche die Aussagenlogik mit ihren Erweiterungen gefunden hat, immer noch umstritten, ob eine eigene „Logik des Sollens" überhaupt nötig sei. Klug beispielsweise hält den Prädikatenkalkül für ausreichend, indem er das ‚Gesolltsein' als Prädikat einführt (*2.4*, 177–181; kritisch dazu Wagner-Haag, *2.9*, 80–81).

Es ist schwer, die Notwendigkeit und die Erfolgschancen dieser Bemühungen abzuschätzen. Zu bedenken ist, daß die strikte Trennung von Sein und Sollen eine (übrigens nirgendwo begründete, stets als unmittelbar einsichtig vorausgesetzte) Grundannahme der Kantischen Philosophie ist, die über den Rechtspositivismus bestimmend für die Rechtstheorie geworden ist. Zwischen Seinsaussagen und Sollenssätzen besteht danach ein Graben, der durch nichts zu überbrücken ist. Sollenssätze lassen sich nach dieser Lehre nur aus anderen Sollenssätzen gewinnen. Denkt man diese Trennung konsequent zu Ende, wie Kelsen dies in gedanklicher Vollstreckung des Positivismus getan hat, kommt man, um den regressus in infinitum zu vermeiden, zum Postulat einer leeren Grundnorm, deren Funktion nur darin besteht, „die objektive Geltung einer positiven Rechtsordnung ... zu begründen" (Kelsen, *8.15*, 205).

Aber die Trennung muß überwunden werden – das ist das zentrale Anliegen und der gemeinsame Nenner der vielfältigen Strömungen der zeitgenössischen Rechtsphilosophie (Nachweise bei Arthur Kaufmann, *8.13,* 337 f.; vgl. auch Kaufmann-Hassemer, *8.14,* 56–64). Der Frage, wie das im einzelnen geschehen soll, kann hier nicht nachgegangen werden. Entscheidend ist, daß der schroffe Dualismus von Sein und Sollen heute gar nicht mehr so schroff vorhanden ist. In diesem Zusammenhang ist auch auf zeitgenössische sprachtheoretische Bemühungen zu verweisen, wie sie etwa Searle mit seiner ‚Sprechakttheorie' unternommen hat, der den Schluß vom Sein zum Sollen auf der Basis der Überlegung ziehen will, daß dieser Übergang schon im Sprechen selbst angelegt ist. Sprechen setze notwendig die Anerkennung (irgendwelcher) Regeln voraus; aus sprachtheoretischer Sicht sei darum der Dualismus von Sein und Sollen nicht haltbar (Searle, *4.14,* 262–294; s. u. Kap. III). Möglicherweise wird sich auf diesem Wege das Problem der deontischen Logik lösen, indem ihm die moralphilosophische Basis durch sprachphilosophische Überlegungen entzogen, zumindest erschüttert wird.

Für die Belange der Rechtsinformatik genügt es jedenfalls, von der deskriptiven Logik auszugehen. Für das Verständnis des Folgenden braucht nur noch gezeigt zu werden, was ein Beweisgang im Logikkalkül ist. Hauptziel der Logik ist es, Beweisregeln anzugeben. Eine logische Formel ist allgemeingültig und stimmt dann, wenn sie immer wahr ist, gleichgültig, welchen Wahrheitswert die in ihr enthaltenen und miteinander verknüpften Grundaussagen besitzen. (Die Parallele zur mathematischen Formel liegt auf der Hand.) Die Entscheidung hierüber kann anschaulich durch die Methode des Ausprobierens in der Wahrheitswerttafel gefunden werden. Als Beispiel diene folgende Formel (nach Klug, *2.4*, 38 f.):

$(X \rightarrow Y) \rightarrow (\neg Y \rightarrow \neg X)$ (Lies: Stets, wenn X Y impliziert, dann impliziert Nicht-Y Nicht-X).

Die Formel wird erprobt:

		Vordere Klammer	Hintere Klammer			Hauptimplikation
X	Y	$X \rightarrow Y$	$\neg Y$	$\neg X$	$\neg Y \rightarrow \neg X$	$(X \rightarrow Y) \rightarrow (\neg Y \rightarrow \neg X)$
W	W	W	F	F	W	W
W	F	F	W	F	F	W
F	W	W	F	W	W	W
F	F	W	W	W	W	W

Die Formel ist allgemeingültig. Ein verbales Beispiel lautet: X = Der Angeklagte ist ein Einbrecher; Y = Der Angeklagte ist ein Dieb; die Formel besagt: „Falls stets, wenn der Angeklagte ein Einbrecher ist, er auch ein Dieb ist, gilt stets, daß, wenn er kein Dieb ist, er auch kein Einbrecher ist.“ Die Richtigkeit dieses Satzes für jeden denkbaren Fall ist unmittelbar einzusehen; im Logikkalkül läßt sich die Allgemeingültigkeit jedoch formal, ohne Verweis auf inhaltliche Beispiele zeigen, wobei sich die Zweckmäßigkeit der oben gezeigten Definition der extensiven Implikation bestätigt.

Nun wird die Methode des Ausprobierens rasch unübersichtlich, vor allem dann, wenn man es mit Verknüpfungen von drei und mehr Aussagen zu tun hat. Jetzt gewinnt die Methode der Aufstellung von Axiomen und Operationsregeln ihre volle Bedeutung. Läßt sich eine Formel aus den Axiomen unter Verwendung der Operationsregeln ableiten, dann ist sie allgemeingültig. Das soll hier nicht dargestellt werden (Vgl. die

Beispiele bei Klug, *2.4*, 36 f.). Bemerkt sei nur noch, daß von Hilbert-Ackermann, an deren Aussagenkalkül Klug sich anschließt, lediglich vier Axiome und zwei Operationsregeln eingeführt werden. Aus wenigen Bausteinen entstehen so sehr komplexe Gebilde, die anschaulich nicht begriffen werden können und nicht begriffen werden sollen. Das Problem liegt dann darin, diesen Gebilden zweckmäßige inhaltliche Bedeutungen zuzuordnen, ein Prozeß, der nie anders als künstlich von außen, per definitionem vollzogen werden kann.

III. Grundkurs in Informatik

Was der Jurist von Technik und Methode der Computer wissen muß, ist einerseits viel weniger, als gemeinhin angenommen wird, andererseits aber substantiell mehr, als geglaubt wird – weniger, weil fast alle technologischen Details und auch die Einzelheiten der Programmierung ohne Belang sind (es liegt vergleichbar dem Benutzer eines Telefons, der ja auch nicht wissen muß, wie das Telefon funktioniert); mehr, weil der tradierte juristische Informations- und Entscheidungsprozeß, wie er aufgrund ständiger Einübung internalisiert ist und unreflektiert vollzogen wird, bewußt gemacht, reflektiert und in Frage gestellt werden muß im Hinblick auf Änderungen, welche tatsächlich an die Substanz gehen.

Hieraus ergeben sich Darstellungsprobleme. Von vornherein verbietet sich der definitorische Weg. Man hat in den letzten Jahren viel Mühe darauf verwendet, solche Begriffe wie „Informatik“ (Bauer, *1.1*, 162–169), „Kybernetik“ (Haft, *0.3*, 7 f.), „Datenverarbeitung“ (Dworatschek, *3.1*, 1 f.) zu klären; man hat die unterschiedlichen Akzente zu bestimmen gesucht, die beispielsweise darin liegen, daß sich in Westeuropa der Begriff Rechtsinformatik, in Osteuropa dagegen der Begriff Rechtskybernetik (im Sinne einer Leitungswissenschaft) durchzusetzen scheint (Steinmüller, *0.13*, 2); und man hat die alten Abgrenzungsprobleme von Logik und Mathematik (welches Gebiet ist ein Teilgebiet von welchem? dazu Klug, *2.4,* 19) auf die neuen Disziplinen Kybernetik, Systemtheorie, Informationstheorie, Regelungstheorie, Operations Research usw. übertragen, ohne daß sich ein überzeugendes System ergeben hätte (vgl. einerseits Steinmüller, *0.13;* andererseits Steinmüller, *0.14*; kritisch dazu Haft, *1.4,* 107–115). Der Versuch, auf diesem Wege vorzudringen, verwirrt eher, als daß er die Zusammenhänge klärt. Er soll daher hier nicht unternommen werden. Informatik und Rechtsinformatik sind junge Disziplinen im Gärungsprozeß, und man tut gut daran, diesen abzuwarten, ehe man eine Terminologie explizit verabredet. Vorerst sollte man ohne definitorische Überanstrengung von der Sache selbst reden.

Hier sind nun zwei Zugänge möglich, die beide mit den Ausführungen zur Logik im vorigen Kapitel bereits eröffnet wurden, und die es jetzt zu erweitern gilt. Der erste führt über die historische Entwicklung, der zweite über den methodischen Ansatz zur Rechtsinformatik.

Historisch laufen in der modernen Informatik zwei Entwicklungslinien zusammen, die am kräftigsten von zwei Männern gezeichnet wurden, denen gemeinsam ist, daß sie Engländer waren, im 19. Jahrhundert lebten und Überlegungen anstellten, mit denen ihre Zeit nichts anfangen konnte. Der eine, George Boole, begründete die Methode, der andere, Charles Babbage, die Technik.

George Boole (1815–1864) befaßte sich mit folgendem Problem (Dworatschek, *3.1,* 174–177): In der gewöhnlichen Algebra gibt es Variable und Funktionen, außerdem Verknüpfungsgesetze. So erzeugen beispielsweise drei Variable x_1, x_2 und x_3 über die Verknüpfungsgesetze der Multiplikation und Addition die Funktionsgröße y:

$$y = x_1 + x_2 \cdot x_3$$

Werden jetzt spezielle Zahlenwerte für x_1, x_2 und x_3 angenommen, so erhält man über die Funktion einen eindeutig bestimmten Zahlenwert für y (z.B. $x_1 = 2$, $x_2 = 7$, $x_3 = 5$ ergibt:

$$y = 2 + 7 \cdot 5 = 37.$$

Boole überlegte sich nun, daß eine entsprechende ‚Algebra' für die Aussagenlogik möglich sein müsse. Dort seien Aussagen die Variablen. Im Unterschied zur gewöhnlichen Algebra könnten sie aber nicht viele Werte, sondern nur zwei Werte, nämlich die Werte wahr oder falsch, annehmen. Die Frage, die sich Boole stellte, war die, ob sich Funktionen aufstellen ließen, bei denen die Verknüpfung von solchen zweiwertigen Variablen gemäß bestimmten Regeln in analoger Weise zu eindeutigen Ergebnissen führt. Boole bejahte diese Frage. Einfachstes Beispiel ist (von der Identität abgesehen) die Negation:

$$y = \neg x \text{ (y ist gleich nicht x).}$$

Für jeden Wert, den x annehmen kann, ist der Wert von y damit eindeutig durch die Funktion bestimmt. Entsprechend verhält es sich bei der Konjunktion und der Adjunktion (bei der Konjunktion hat y den Wert wahr, wenn sowohl x_1 als auch x_2 den Wert wahr haben; bei der Adjunktion ist y wahr, wenn auf der rechten Seite der Gleichung mindestens einmal der Wert wahr erscheint).

Von dieser Grundüberlegung ausgehend, stellte Boole Rechenregeln auf. Man sieht die Gemeinsamkeiten, aber auch die Unterschiede zur traditionellen Algebra, wenn man verabredet, daß für ‚wahr' 1 oder > 1 und für ‚falsch' 0 steht. Dann erweist sich:

Die Konjunktion als Produkt

x_1	x_2	$\cdot$
1	1	1
1	0	0
0	1	0
0	0	0

Die Adjunktion als Addition

x_1	x_2	$+$
1	1	2
1	0	1
0	1	1
0	0	0

Als Beispiel für Boolesche Rechenregeln im Vergleich zur traditionellen Arithmetik seien distributive Gesetze (d. h. Gesetze zur Klammerauflösung) genannt:

$a \cdot (b + c) = (a \cdot b) + (a \cdot c)$ $a \wedge (b \vee c) = (a \wedge b) \vee (a \wedge c)$	Hier besteht Analogie
$a + (b \cdot c) \neq (a + b) \cdot (a + c)$ $a \vee (b \wedge c) = (a \vee b) \wedge (a \vee c)$	Hier besteht *keine* Analogie. Für diese Boolesche Regel gibt es in der konventionellen Algebra keine Entsprechung.

Mit dieser Booleschen Algebra konnte man im 19. Jahrhundert wenig anfangen. Erst ein Jahrhundert später sollte ihre Weiterführung zur Schaltalgebra die moderne Datenverarbeitung ermöglichen. Die technischen Vorarbeiten dazu leistete Booles Zeitgenosse Charles Babbage (1792–1871), der eine „analytical engine" konstruierte (Haft, *0.3*, 9). Das war zunächst eine Rechenmaschine, wie sie schon seit Pascal und Leibniz bekannt war. Der besondere Fortschritt lag in der Idee der Programmierung. Babbage ging davon aus, daß es wenig sinnvoll sei, umfangreiche mathematische Berechnungen in einer schnell arbeitenden Maschine ausführen zu lassen, wenn man nach jeder Einzeloperation die gewonnenen Zwischenergebnisse wieder umständlich von Hand in die Maschine eingeben mußte. So programmierte er die gesamte Folge von Operationen, wozu er die bereits vom Jacquard-Webstuhl her bekannten Lochstreifen verwendete. Die Idee war richtig. In der Ausführung aber scheiterte Babbage, weil seine Maschine rein mechanisch, vor Einführung der Elektrizität, funktionieren sollte, was die Möglichkeiten der Zeit überstieg (Steinbuch, *3.7*, 158 f.).

Beide Erfindungslinien laufen in der Praxis erstmals bei Hermann Hollerith zusammen, der im Jahre 1880 an der Volkszählung in den USA mitarbeitete. Diese Tätigkeit brachte ihn auf den Gedanken, Zählkarten mit normierten Feldern zu verwenden, bei denen jeweils an der einschlägigen Stelle der Zählkarte beim Vorliegen des in Frage stehenden Merkmals eine Lochung vorgenommen wurde. Die Karten liefen dann durch eine Maschine; jede Lochung stellte dort einen elektrischen Kontakt her, der bewirkte, daß ein entsprechendes Zählwerk betätigt wurde. Die Lochkartentechnik war geboren, die bis in die fünfziger Jahre unseres Jahrhunderts die Szene beherrschte (Steinbuch, *3.7*, 160–163).

Die moderne Schaltalgebra schuf auf der Grundlage dieses Prinzips die Voraussetzungen der modernen Computertechnik. In ihr werden die Booleschen Funktionen technisch realisiert. Dazu bedarf es irgendeines technischen Systems, welches zwei verschiedene Zustände annehmen kann. Einfachstes Beispiel ist eine Münze, die, geworfen, Zahl oder Adler zeigt. Es bedarf dann lediglich einer Vereinbarung darüber, welches Symbol den Wert ‚wahr‘ und welches den Wert ‚falsch‘ repräsentieren soll, sowie des Einsatzes mehrerer Münzen, um Aussagenverknüpfungen eindeutig darstellen zu können. Geeigneter als Münzen sind freilich elektrische Schaltungen. So läßt sich die Negation durch einen Schalter und die Vereinbarung repräsentieren, daß ein Stromfluß (geschlossener Schalter) den Wert ‚wahr', eine Unterbrechung des Stromflusses (offener Schalter) den Wert ‚falsch' bedeutet. Die Konjunktion läßt sich durch zwei hintereinandergeschaltete, die Adjunktion durch zwei parallelgeschaltete Schalter darstellen. Für die extensive Implikation ist an die oben dargestellte Wahrheitstafel zu erinnern. Der Strom darf hier nur dann nicht fließen, wenn die erste Aussage wahr, die zweite falsch ist, weil dann die ganze Aussagenverbindung den Wert falsch hat. Somit ergibt sich für die genannten Aussagenverbindungen folgende Übersicht:

Die *Konjunktion* (logisches UND) wird dargestellt:

mathematisch

$y = x_1 \wedge x_2$

logisch

x_1	x_2	$x_1 \wedge x_2$
W	W	W
W	F	F
F	W	F
F	F	F

technisch

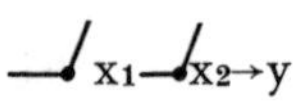

sprachlich

y ist wahr, wenn sowohl x_1 als auch x_2 wahr sind

Die *Adjunktion* (einschließendes ODER) wird dargestellt:

mathematisch

$y = x_1 \vee x_2$

logisch

x_1	x_2	$x_1 \vee x_2$
W	W	W
W	F	W
F	W	W
F	F	F

technisch

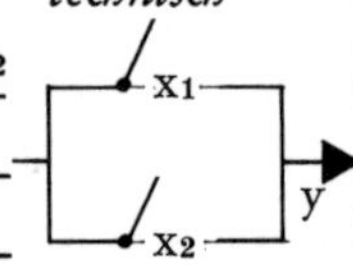

sprachlich

y ist wahr, wenn x_1 oder auch x_2 wahr ist

Die *extensive Implikation* (STETS WENN – DANN) wird dargestellt:

mathematisch

$y = x_1 \rightarrow x_2$

logisch

x_1	x_2	x_1 x_2
W	W	W
W	F	F
F	W	W
F	F	W

technisch

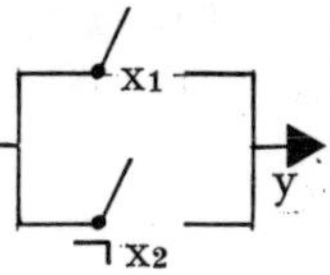

sprachlich

y ist wahr, wenn nicht x_1 wahr, x_2 falsch ist

Aus derartigen Schaltungen setzen sich die (digital arbeitenden) Computer zusammen (Klug, *2.4*, 157–162; zu den hier nicht interessierenden analog arbeitenden Computern Dworatschek, *3.1*, 11 f.). Die einzugebenden Daten müssen in eine zweiwertige Form gebracht sein und werden dann gemäß einem Programm abgearbeitet. Freilich besteht heute gegenüber dem Programm von der Art, das Babbage benutzte, ein wesentlicher Unterschied, und damit ist der letzte Name in diesem (auf das knappste gebrachten) historischen Überblick zu nennen: John v. Neumann.

Ältere Programme waren starr wie das Programm einer Drehorgel. Von vornherein mußte der gesamte Ablauf festgelegt sein, ohne daß die Ausführung einzelner Operationen von Zwischenergebnissen abhängig gemacht werden konnte. Diese Möglichkeit eröffnete erst das von Neumann im Jahre 1945 vorgeschlagene Verfahren der Speicherprogrammierung. Durch diese Technik wurde es möglich, die Ausführung der einzelnen Operationen nicht nur von vornherein festzulegen, sondern sie auch abhängig vom Ausgang einzelner Operationen zu gestalten. Damit erst wurde die große Flexibilität der modernen Computer erreicht, und damit erst wurde die Gegenwart erreicht (Gernert, *3.2*, 6 f.).

Der Leser wird bemerkt haben, daß die Begriffe Daten, Verarbeitung, Programm, Operationen usw. nicht im einzelnen erläutert sind. Diese Begriffe werden – ohne definitorische Anstrengungen – deutlicher werden, wenn nach der historischen Skizze der tragenden Gedanken nunmehr der zweite der erwähnten Zugänge, der methodische Zugang, erweitert wird. Was kann man mit dem vorgestellten methodischen und technischen Instrumentarium angesichts rechtstheoretischer Fragestellungen leisten – das ist die Frage, die jetzt zu beantworten ist.

Auf der Suche nach der Antwort wird am besten von einer juristischen Problemstellung ausgegangen. Folgender Fall sei als Beispiel gewählt: Der Angeklagte X hat einen Diebstahl begangen. Er ist in einen umschlossenen Raum eingedrungen, wobei er die verschlossene Tür geöffnet hat. Dabei hat er einen falschen Schlüssel oder ein anderes nicht zur ordnungsmäßigen Öffnung bestimmtes Werkzeug benutzt. Die Frage ist, ob ein besonders schwerer Fall des Diebstahls i. S. v. § 243 Abs. 1 Nr. 1 StGB vorliegt.[2] Dieses verbale Problem wird nach der traditionellen juristischen Methode durch Auslegung des § 243 StGB und Subsumtion des Falles unter das Gesetz gelöst. Hier dagegen soll überlegt werden, was geschehen müßte, damit ein Computer das Rechtsproblem lösen könnte.

---

[2] Die Vorschrift lautet: „In besonders schweren Fällen wird der Diebstahl mit Freiheitsstrafe von drei Monaten bis zu zehn Jahren bestraft. Ein besonders schwerer Fall liegt in der Regel vor, wenn der Täter

1. zur Ausführung der Tat in ein Gebäude, eine Wohnung, einen Dienst- oder Geschäftsraum oder in einen anderen umschlossenen Raum einbricht, einsteigt, mit einem falschen Schlüssel oder einem anderen nicht zur ordnungsmäßigen Öffnung bestimmten Werkzeug eindringt oder sich in dem Raum verborgen hält,

2. . . .“

Dazu bedarf es zunächst einer Problemanalyse. Der Fall muß in einzelne Aussagen zerlegt werden, denen jeweils der Wert wahr oder falsch zugesprochen werden kann, und der Zusammenhang zwischen diesen Aussagen muß analysiert werden. Alsdann ist es möglich, ein Programm zur Abarbeitung des Problems für alle nur denkbaren Eingabewerte zu schreiben.

Die Problemanalyse ergibt, daß drei verschiedene Aussagen unterschieden werden können:

A: X hat einen falschen Schlüssel benutzt.

B: X hat ein anderes nicht zur ordnungsmäßigen Öffnung bestimmtes Werkzeug benutzt.

C: Es liegt ein besonders schwerer Fall des Diebstahls vor.

Zunächst sei die erste Aussage betrachtet. Sie enthält ein schwer zu bestimmendes Tatbestandsmerkmal, nämlich das Merkmal „falscher Schlüssel". Hier existieren typische juristische Auslegungsprobleme, die sich beispielsweise aus der Frage ergeben, ob ein gestohlener Schlüssel, von dessen Abhandenkommen der Berechtigte nichts weiß, ein falscher Schlüssel in diesem Sinne ist, oder ob ein Schlüssel, den der Mieter nach Räumung der Wohnung versehentlich nicht zurückgegeben hat, unter dieses Tatbestandsmerkmal subsumiert werden kann. Die Lösung derartiger Probleme wird bei inhaltlicher Denkweise durch den Ansatz von Wertgesichtspunkten gesucht. Für formale Operationen ist nun kennzeichnend, daß derartige Erwägungen irrelevant sind. Genauer: es wird noch zu zeigen sein, daß die inhaltlich-wertende Methode auf analogischer Basis, d. h. auf einem Fallvergleich beruht, daß hierbei auch formale Probleme entstehen, die bei inhaltlichem Denken nicht gelöst werden können, und daß Werte (auch) dazu dienen, dieses Unvermögen zu überwinden. Insoweit ist der Einsatz formaler Methoden hier denkbar (s. u. Teil B, Kap. II). Die Antwort auf die Frage, ob ein „falscher Schlüssel" benutzt wurde oder nicht, wird also vorausgesetzt. Und es wird weiter vorausgesetzt, daß es nur zwei Antworten darauf gibt – ja oder nein. Die Welt der Datenverarbeitung ist eine binäre Welt, in der es nur die Kategorien Ja–Nein, Wahr–Falsch, 1–0 gibt. Es ist die Welt der funktionierenden, operablen Sachverhalte und nicht die Welt der Zwischentöne, der lautlosen Übergänge und des Zweifels.

Um das Absehen von der realen Welt auch äußerlich sichtbar zu machen und zu verhindern, daß man noch an irgendwelche Inhalte denkt, werden die drei Sätze durch Buchstaben, beispielsweise A, B und C, symbolisch dargestellt. Jetzt muß geklärt werden, welcher Zusammenhang zwischen ihnen besteht. Leicht ist zu sehen, daß der Wahrheitsgehalt von C abhängig ist vom Wahrheitsgehalt von A und B. Diese Sätze wiederum sind durch den Junktor ‚oder' verbunden. Fraglich ist, ob dieser Junktor als einschließendes (Adjunktion) oder ausschließendes (Disjunktion) ‚oder' zu deuten ist. Die deutsche Umgangssprache ist hier im Gegensatz etwa zum lateinischen mit seiner Trennung zwischen ‚vel' und ‚aut-aut' ungenau und greift in ihrer logischen Not gelegentlich zum Bindestrich (‚Zur Party werden alle Leute eingeladen, die nett sind und/oder Getränke mitbringen').

Auf den ersten Blick möchte man meinen, es handle sich um ein ausschließendes ‚oder'. Für den Normalfall der strafrechtlichen Wahlfeststellung (um eine solche handelt es sich hier) trifft dies auch sicher zu. Wenn nicht festgestellt werden kann, ob der Angeklagte ein Dieb oder ein Hehler ist, so steht doch jedenfalls fest, daß er nur eines von beiden ist – entweder Dieb oder Hehler. Er kann nicht beides zugleich sein. Im vorliegenden Fall ist jedoch die Möglichkeit nicht ausgeschlossen, daß X sowohl einen falschen Schlüssel als auch ein sonstiges Werkzeug, beispielsweise eine Zange oder einen Schraubenschlüssel, benutzt hat. Das ‚oder' ist darum im Sinne der Adjunktion zu verstehen (Klug, *2.4*, 41; Balk, *2.2*, 328–335).

Jetzt ist der Übergang von der verbalen Problemformulierung zur formallogischen Struktur vollzogen, und es kann daran gedacht werden, ein Programm zu schreiben. Erster Schritt auf diesem Wege ist ein grafischer Programmablaufplan, der zeigt, in welcher Weise das Problem abgearbeitet werden muß (Geiger-Schneider, *3.4*, 36). Er sieht wie folgt aus:

1. Hat A den Wahrheitswert ‚falsch'?
2. Hat B den Wahrheitswert ‚falsch'?

Ergebnis:
3. C hat den Wahrheitswert ‚falsch' bzw. ‚wahr'

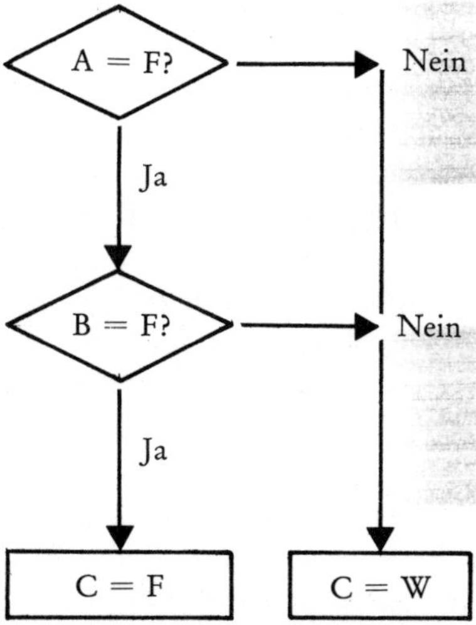

Nach dieser Klärung bedarf es nur noch eines Gerätes, in welchem dieser Arbeitsablauf technisch realisiert werden kann, und einer Arbeitsanweisung, welche das Gerät versteht. Für die erstere Aufgabe ist im Prinzip die oben gezeigte ‚Oder-Schaltung' geeignet: fließt der Strom und leuchtet die Birne auf, so bedeutet dies (Vereinbarung!), daß C den Wert ‚wahr' hat, also ein Fall des schweren Diebstahls gegeben ist. Die Arbeitsanweisung ist hier durch die Schaltung selbst gegeben; die Dateneingabe erfolgt durch Betätigen der Schalter. Moderne Computer sind jedoch aus einer Vielzahl solcher Schaltungen zusammengesetzt; echte Entscheidungsprobleme sind aus einer Vielzahl von auszuführenden Einzeloperationen zusammengesetzt, und hier bedarf es des mit den Daten in die Maschine einzugebenden flexiblen Programms. Welche Bedeutung dabei der Flexibilität zukommt, läßt sich ebenfalls an dem oben gebrachten Beispiel zeigen. Ein starres, externes Programm würde dazu zwingen, erst Schritt 1 und dann ohne Rücksicht auf das Ergebnis Schritt 2 zu gehen. Dabei liegt es auf der Hand, daß das Endergebnis schon festliegt, wenn Schritt 1 ergibt, daß A den Wahrheitswert ‚wahr' hat. Schritt 2 kann dann gespart werden. Bei inhaltlicher Betrachtung mag es einen Unterschied machen, ob der Täter erst einen falschen Schlüssel und dann vielleicht noch zusätzlich einen Vorschlaghammer benutzt hat. Für die Entscheidung der Frage, ob eine Adjunktion vorliegt, ist dies schlechthin irrelevant; der Begriff der Wahrheit ist nicht steigerungsfähig.

Bei dem gewählten Beispiel mag die Fähigkeit eines flexiblen Programms, in solchen Fällen den zweiten Schritt zu unterlassen und sofort zum Ergebnis zu gehen, keine große Rolle spielen. Tatsächlich beruht aber die große Einsatzfähigkeit der modernen Computer gerade auf dieser Flexibilität. Das zeigt sich beispielsweise an der (inzwischen abgeschlossenen) Programmierung des Einkommensteuergesetzes, wo etwa die Steuerklasse und damit die Steuerberechnung von den eingegebenen Daten (Familienstand, Kinderzahl) abhängt, und wo es beispielsweise keinen Sinn hat, einen Freibetrag umständlich zu berechnen, wenn sich aus anderen Berechnungen ergibt, daß die Freibetragsgrenze überschritten ist (Beispiel bei Haft, *0.3*, 42 f.). Ein starres Programm könnte solche Probleme nicht oder nur mit Mühe lösen, während ein flexibles Programm diese Möglichkeit bietet. Es kann Sprünge und Verzweigungen realisieren, und hierauf beruht die große Vielseitigkeit der modernen Computer.

Das Gesagte läßt sich wie folgt zusammenfassen (wobei auch die wichtigsten Fachtermini eingeführt werden): Ein verbales Problem wird analysiert und in eine maschinenverständliche Darstellung übertragen *(Codierung)*. Die Maschinenverständlichkeit beruht darauf, daß anstelle des 26wertige Einheiten verwendenden Zeichensystems der natürlichen Sprache ein zweiwertiges System *(binäres System)* verwendet wird. (Geht es um Zahlen, verwendet man das *duale Zahlensystem*, welches nur die Ziffern 0 und 1 kennt, als Spezialfall eines binären Systems, Geiger-Schneider, *3.4*, 39.) Die Zuordnung wird durch einen *Binärcode* festgelegt. Die kleinste Einheit zur Darstellung binär verschlüsselter *Daten* wird *Bit* (von engl. binary digit) genannt. Kleinste Einheiten im Computer (z. B. magnetisierbare Ferritringe) haben die Fähigkeit, jeweils ein Bit Information zu speichern. Zur Darstellung höherwertiger Informationen müssen mehrere Bits vereinigt werden; man hat sich auf acht Bits geeinigt, die insgesamt 256 verschiedene Kombinationsmöglichkeiten ergeben. Sie werden *Byte* genannt und stellen die kleinste direkt adressierbare Speicherstelle im Computer dar.

Die binär codierten Informationen müssen zunächst einmal gespeichert werden; dem dient eine Vielzahl von *Speichern* als Gedächtnis des Computers, wobei man

Hauptspeicher und externe Speicher unterscheidet. Technische Einzelheiten interessieren hier nicht, auch die im engen Zusammenhang damit stehenden Fragen der Wirtschaftlichkeit können hier nicht behandelt werden. Entscheidend ist, daß alle Speicher nach demselben Prinzip arbeiten, wie es so anschaulich bei der *Lochkarte* studiert werden kann: sie enthalten kleinste Einheiten, die genau zwei verschiedene Zustände zur Darstellung binär codierter Informationen annehmen können.

Die *Datenverarbeitung* erfolgt in einer *Zentraleinheit*. Der *Computer* ist nicht ein einzelnes Gerät, sondern setzt sich aus einer Vielzahl von Geräten zusammen, die eine interne Verwaltungshierarchie besitzen, das *Betriebssystem*. Die Zentraleinheit enthält ein *Steuerwerk*, einen *Arbeitsspeicher* und ein *Rechenwerk*. Durch das im Arbeitsspeicher mitgespeicherte *Programm* gesteuert, werden Daten aus externen Speichern über ein *Eingabegerät* abgerufen. Im Rechenwerk können nun die vier Grundrechenarten ausgeführt werden (auf die sich die numerische Ausführung mathematischer Probleme zurückführen läßt), und es können logische Vergleiche von Einzeldaten und Datensätzen durchgeführt werden. Über ein *Ausgabegerät* wird das Endresultat schließlich ausgegeben.

Das *Programm* als die Gesamtheit der dazu dienenden Befehle in maschinenverständlicher Form ist in seiner ursprünglichen Form an die Maschine exakt angepaßt *(Maschinencode)*. Da es in dieser Form schwer zu erlernen ist und außerdem bei einem Wechsel des Computers (es hat inzwischen drei *Computergenerationen* gegeben) unbrauchbar wird, hat man (über eine Zwischenform der maschinenorientierten Sprachen, sogenannte *Assembler-Sprachen*) maschinenunabhängige *problemorientierte Programmiersprachen* entwickelt, die leicht zu erlernen sind. Bei ihnen können häufig wiederkehrende Befehle durch umgangssprachliche Anweisungen wie „Rechne", „Vergleiche", „Lies" usw. erteilt werden. Die Übersetzung in eine maschinenverständliche Form besorgt dann ein eigenes Programm, der sogenannte *Compiler* (Schiro-Herzog, *3.6*, 37–43).

Unter den Befehlen des Programms nimmt der sogenannte *Sprungbefehl* eine besondere Rolle ein. Er ermöglicht es, von der zunächst festgelegten starren Befehlsfolge je nach dem Ausgang bestimmter Operationen (Rechnungen oder Vergleichsoperationen) abzuweichen und Sprünge nach vorn oder rückwärts *(Schleifen)* durchzuführen. Hierin liegt der Grund für die Flexibilität der Computerprogramme, aber auch Grund zur Nachdenklichkeit. „Befiehlt (der Programmierer) nämlich in einem Programm versehentlich, auf ein Konto so lange DM 0.00 zu addieren, bis die Freibetragsgrenze überschritten ist, so wird der Computer auch diese Tätigkeit schnell und gewissenhaft durchführen, wobei insbesondere seine Ermüdung deutlich weniger zunimmt als die des wartenden Operateurs" (Müller-Krumbhaar, *3.5*, 49).

Die problemorientierten Sprachen teilt man gegenwärtig, je nach den zu lösenden Problemen, in zwei Gruppen (Müller-Krumbhaar, *3.5*, 22–26). Auf der einen Seite stehen die Programmiersprachen für naturwissenschaftlich-technische Anwendungen *(numerische Datenverarbeitung)*. Hier ist die Zahl der zu verarbeitenden Daten gering und der Umfang der zu bewältigenden Rechenoperationen groß (Beispiel: Berechnungen in der Raumfahrtindustrie). Auf der anderen Seite stehen die Sprachen für kaufmännisch-organisatorische Aufgaben *(kommerzielle Datenverarbeitung)*. Hier ist der Datendurchsatz groß und der Rechenaufwand klein (Beispiel: Betriebliches Rechnungswesen). Eine spezifisch juristische Programmiersprache existiert (bislang) noch nicht; in den Programmierkursen, wie sie an verschiedenen juristischen Fakultäten, z. B. in München und in Tübingen, durchgeführt werden, wird die kommerziell orientierte Sprache COBOL (Common business oriented language) gelehrt (Gernert, *3.2,* 8 f.). Es liegt auf der Hand, daß die naturwissenschaftlich ausgerichteten Programmiersprachen (z. B. FORTRAN – von Formula translation) zur Bewältigung rechtstheoretischer Probleme ungeeignet sind – iudex non calculat. Die künftige Entwicklung wird in Richtung auf eine immer größere Benutzernähe hin verlaufen (Gernert, *3.3*). Es wird immer leichter sein, das Programmieren zu erlernen, aber es wird auch immer notwendiger werden, sich mit den methodischen Grundprinzipien der Datenverarbeitung zu befassen, womit für den Juristen die Notwendigkeit unabweisbar wird, sich mit einem ungewohnten Rationalitätsverständnis auseinanderzusetzen, nämlich dem Verständnis einer „analytisch-logisch-formalen Entscheidungsrationalität", die im deutlichen Gegensatz zur traditionellen „dialektisch-hermeneutisch-objektiven Rationalität" des richterlichen Entscheidungsprozesses steht (Kilian, *6.1,* 22).

Die Grundlagen des Wissenschaftsinhalts der *Informatik* liegen also in den Elementen „Codierung durch Zeichen, Mechanisierung der Operationen mit Zeichen, programmierbare Ablaufsteuerung von Operationen" und in der Verbindung dieser Elemente „in einem Programm, das einen *Algorithmus* darstellt . . ." (Bauer, *1.1,* 166). Das in der Anfangsphase diskutierte Stichwort *Kybernetik,* bei dem es um die Wiedereinschaltung der Erzeugnisse eines Systems in dieses selbst mit dem Ziel der Systemstabilisierung durch Reglung geht *(Rückkopp-*

lung, feedback), eine Möglichkeit, der im Computer selbst durch den bedingten Befehl und durch den Computer als Teil komplexer Systeme (Beispiel: Raumfahrt) Rechnung getragen werden kann (dazu Klug, *2.4*, 171; Haft, *0.3*, 1, 7) ist heute, jedenfalls in Westeuropa, in den Hintergrund getreten. Die Informatik wird heute allgemein als die Wissenschaft von der „Programmierung der Informations-, d. h. Zeichenverarbeitung", verstanden, und es wird betont, daß sie eine „anwendbare und nach Anwendungen verlangende Wissenschaft" ist (Bauer, *1.1*, 166 f.).

Die *Rechtsinformatik* ist eine dieser Anwendungen.

IV. Sprachtheoretische Grundfragen

Rechtsinformatik ist eine Anwendung der Wissenschaft von der programmierbaren Zeichenverarbeitung. Die Frage, was wir über unsere Sprache – die ja auch ein Zeichensystem ist – wissen und inwieweit wir imstande sind, hier formale Verfahren fruchtbringend einzusetzen, ist darum eine der zentralen Fragen der Rechtsinformatik. Sie ist gestellt, aber – das sei vorweg bemerkt – in allen wesentlichen Punkten noch offen.

Anders als im 19. Jahrhundert, als Rechts- und Sprachwissenschaft sich ihrer Nachbarschaft bewußt waren und fruchtbare Anregungen austauschten, tat sich im 20. Jahrhundert ein Graben zwischen beiden Disziplinen auf, der durch keinen noch so schmalen Steg überbrückt wurde. Erst in unserer Zeit wurden, angestoßen durch Fragestellungen der Rechtsinformatik, Anstrengungen unternommen, die Einsichten der modernen Linguistik und die damit im Zusammenhang stehenden Erkenntnisse der zeitgenössischen Sprachphilosophie in einer neuen, bislang noch nicht etablierten Disziplin Rechtslinguistik auch für die Rechtstheorie fruchtbar zu machen (Podlech, *4.10*, 105–116; Rieser, *4.11*, 117f.). Diese Bemühungen richten sich gegen die einseitige Betonung des hermeneutischen, auf Verstehen von Rechtstexten durch einen unaustauschbaren Interpreten gerichteten Aspektes in der juristischen Methodenlehre, wie er, in der philosophischen Tradition Schleiermachers und Diltheys und der rechtsmethodologischen Tradition Savignys stehend, heute als durchaus herrschend bezeichnet werden kann. Darin wird ein Rückgriff auf Ideen des 19. Jahrhunderts gesehen (Podlech, *4.10*, 107), die im Zeitalter der Datenverarbeitung nicht mehr als angebracht beurteilt werden (Kilian, *6.1*, 27–82).

Freilich darf bei dieser Auseinandersetzung nicht aneinander vorbeigeredet werden. Jede der beiden Streitsparteien betont einen richtigen (und wichtigen) Punkt. Die Sprache enthält, wie Arthur Kaufmann treffend bemerkt hat, zwei Dimensionen. Die Formalisten betonen die „rational-kategoriale", die „begrifflich-abstrakte" Dimension, während die Hermeneutiker auf die „intentional-metaphorische" oder „symbolisch-anschauliche" Dimension abstellen. Auf der ersten Ebene kann man Eindeutigkeit und Exaktheit erreichen, aber der Preis wird am Beispiel der formalen Logik sichtbar: der Bezug zur realen Welt geht verloren. Auf der zweiten Ebene ist Eindeutigkeit und Exaktheit von der „Logik der Sache" her ausgeschlossen; hier geht es um den „transzendental-logischen Sinn der Sprache". Es ist verfehlt, nur auf eine der beiden Ebenen abzustellen, weil das zu einer Verkürzung der eigentlichen Probleme des Rechts führt; erst vereint ergeben sie die volle Möglichkeit der Sprache als Werkzeug unseres Denkens (Arthur Kaufmann, *4.7*, 348–353).

Die Hermeneutiker verweisen auf die bislang (tatsächlich überaus geringen) Anwendungsmöglichkeiten der Rechtsinformatik und warnen vor einer Verkürzung des Problems der „Geschichtlichkeit der Sprache" im „Rationalismus" (Arthur Kaufmann, *4.7*, 350). Der Gegeneinwand liegt darin, daß es nicht um die Herrschaft des

Rationalismus geht, sondern um seine (bislang allzusehr vernachlässigte) Rolle als Korrektiv gegen eine orakelnde Jurisprudenz, deren dunkle Wahrsprüche aus unergründlichen Tiefen zu stammen scheinen, während sie in Wahrheit doch oftmals nichts anderes als aus methodischer Not geborene und durch Vorurteile gebrochene Willkür darstellen. Dies aufzudecken und die rechte Mitte finden zu helfen ist wenig so sehr geeignet wie das nüchterne formale Instrumentarium der Rechtsinformatik, welches keine Vagheiten, Unentschiedenheiten und Willkürlichkeiten akzeptieren kann – und wo sie dennoch akzeptiert werden müssen, da sind sie letztlich unvermeidbar.

Dabei geht es heute nicht mehr um programmatische Erklärungen. Die erste und für den Augenblick wichtigste Aufgabe besteht darin, das, was Sprachtheorie und Sprachphilosophie erarbeitet haben, zu rezipieren. Eine Skizze dieser Rezeption soll auf den folgenden Blättern versucht werden (Haft, *4.5*).

Am Beginn steht die Erkenntnis, daß es einen Unterschied macht, ob Sprache – wie in der traditionellen Rechtstheorie – nur ein Mittel oder auch ein Gegenstand der Forschung ist. Der historische Punkt, an dem diese Erkenntnis in ihrer vollen Tragweite gewonnen wurde, liegt in einem Brief des jungen Bertrand Russell an Gottlob Frege, in dem er seine berühmte Paradoxie von der Klasse aller Klassen, die sich nicht selbst als Element enthalten, formulierte. Sie führt zu einem Widerspruch, der das ganze von Frege eben errichtete System einer logischen Begründung der Arithmetik bedrohte. Man hat diese Paradoxie oft mathematisch, oft aber auch durch Beispiele dargestellt; ein besonders anschauliches Beispiel findet sich bei Strombach (*2.7*, 13). Der Widerspruch betraf die Cantorsche Mengenlehre, mit der Freges System verwandt war. Seine Beseitigung, um die Russell sich in seinem logischen Hauptwerk *Principia Mathematica* bemühte, konnte nur durch eine Lösung außerhalb des Systems der Mengenlehre gefunden werden. Damit war klar, daß diese Lösung nur in der Sprache gefunden werden konnte, mit der *über* das System gesprochen wurde. Dabei zeigte sich, daß den mathematischen Paradoxien eine ungerechtfertigte Verwendung des Wortes „alle“ zugrunde lag (Schaff, *4.13*, 27–35). Mit dieser Trennung zwischen Objektsprache und Metasprache war auch die Beseitigung der seit der Antike diskutierten semantischen Paradoxien vom Typ des lügenden Kreters möglich (Wagner-Haag, *2.9*, 11).

Schon diese elementare Unterscheidung wurde von der Rechtstheorie, sieht man von einzelnen Arbeiten zur juristischen Logik (z. B. Wagner-Haag, *2.9*, 18 f.) ab, nicht rezipiert. Die traditionelle, auf Savigny und seine vier „Elemente“ der Auslegung zurückgehende juristische Methodenlehre (Savigny, *8.24*) unterscheidet nicht, ob über Gegenstände (Rechtsfälle) oder über Sprache gesprochen wird; von dieser Unschärfe rühren viele Unklarheiten her. Wenn beispielsweise heute noch der berühmte Fall des Elektrizitätsdiebstahls verhandelt wird, wird nicht getrennt, ob man über die Sache Elektrizität oder über die Verwendung des Wortes Sache im Kontext des § 242 StGB diskutiert – mit der Folge, daß die Positionen heute noch kontrovers sind (Arthur Kaufmann, *8.11*, 294).

Für die folgenden Überlegungen soll nun an eine Dreiteilung angeknüpft werden, die auf Carnap zurückgeht, der die gesamte in einer Metasprache (letztlich also in der Umgangssprache) formulierte Theorie über eine Objektsprache (beispielsweise eine Kunstsprache der formalen Logik) als Semiotik bezeichnete und ihr die drei

Teilgebiete Syntaktik, Semantik und Pragmatik zuordnete. (Manche Autoren bezeichnen als Semiotik auch die allgemeine Lehre von den Sprachzeichen oder engen diesen Begriff auf einen Teil der Syntaktik ein – Nachweise bei Wagner-Haag, *2.9*, 18, 68.) Diese Dreiteilung hat sich allgemein durchgesetzt. Klug verwendet sie beispielsweise zur Systematisierung der Denkfehler im Recht (*2.4*, 144–156), und auch für die Rechtsinformatik hat sie sich als zweckmäßig erwiesen (Steinmüller, *0.13*, 8; Reisinger, *6.2*, 35 f.).

Dabei behandelt die Syntaktik die Beziehungen zwischen Zeichen, die Semantik die zwischen Zeichen und ihrer Bedeutung (manche Autoren nehmen hier noch eine Unterdisziplin, die Sigmatik, an, welche die Beziehungen zwischen Zeichen und dem Bezeichneten untersucht) und die Pragmatik die Beziehungen zwischen Zeichen und ihren Erzeugern bzw. Empfängern.

Das Stichwort, das für die Rechtsinformatik in erster Linie relevant ist, lautet Syntaktik. Was hier untersucht wird – Form und Struktur der Sprache –, hat unmittelbare Bedeutung für alle Fragestellungen aus der Sicht von Informatik und Datenverarbeitung. Dabei erweist die Untersuchung, daß eine beachtliche sprachtheoretische Tradition auf diesem Felde besteht, der durchaus rechtstheoretische Anstrengungen gegenüberstehen, wobei die Verbindungslinien zwischen beiden Bereichen freilich in unserem Jahrhundert verlorengegangen sind.

Man kann als Oberbegriff für alle formalen, syntaktischen Bemühungen um die Sprache das Stichwort Rationalismus setzen. Kennzeichen des Rationalismus ist ein ungebrochener Glaube an die Leistungsfähigkeit des Verstandes, dem es bei entsprechender Anstrengung möglich sein müsse, die Welt adäquat und ohne Rest zu erfassen. Diesem hohen Anspruch gemäß gehen die Rationalisten immer aktiv und fordernd ans Werk, in der Gewißheit, daß die von ihnen zu findenden Antworten richtig, absolut und unabänderlich sind.

Die Rationalisten finden sich schon in der mittelalterlichen Scholastik, als der Versuch unternommen wurde, Sprache als Spiegel („speculum“) der Wirklichkeit zu begreifen und mit der spekulativen Grammatik die universalen und unabänderlichen Prinzipien aufzudecken, nach denen das Wort als Zeichen Mittler zwischen Ding und Verstand und damit Vermittler wahrer Erkenntnis sei. Die Rationalisten finden sich wieder im 17. Jahrhundert, als die Grammatiker von Port Royal – übrigens in erklärter Anknüpfung an die „spekulativen“ Grammatiker des Mittelalters – zeigen wollten, daß es möglich sei, die Grammatiken der verschiedenen Sprachen durch eine universale Grammatik zu ergänzen, die ein allgemeines logisches und rationales System darstellen würde (Lyons, *4.9*, 14–19; Haft, *4.5*). Und sie finden sich in unserem Zeitalter wieder. Hier ist einmal die formale Logik zu nennen (s. o. Kap. II). Hier ist weiter die von Saussure (*4.12*) begründete strukturelle Linguistik zu nennen, der die Idee zugrunde liegt, daß Sprache nicht eine Ansammlung vorgegebener intelligibler Elemente sei, die man beobachten und vergleichen müsse, sondern daß bereits das Auffinden des sprachlichen Elements, der sprachlichen Einheit, die Anerkennung eines Gesamtsystems, einer Ordnung, eben einer Struktur voraussetze, und daß man sich um die Erforschung dieser Struktur bemühen müsse. Chomsky, der mit seiner generativen Transformationsgrammatik die wohl bekannteste und einflußreichste linguistische Syntaxtheorie unserer Zeit vorgelegt hat, hat ausdrücklich auf die Verwandtschaft zwischen der intellektuellen Atmosphäre des 17. Jahrhunderts und der von heute hingewiesen. Er knüpfte erklärtermaßen an die Tradition der universellen Grammatiken jener Zeit an und vertrat die Auffassung, das damalige Scheitern habe weniger an falschen Voraussetzungen gelegen (beispielsweise der Annahme, es gebe eine natürliche Ordnung der Gedanken, die in der französischen Sprache verwirklicht sei) als vielmehr am Fehlen des erforderlichen formalen Instrumentariums, wie es heute mit der formalen Logik und hier wiederum einem Spezialzweig, nämlich der etwa seit dem Jahre 1930 entwickelten Theorie rekursiver Funktionen, zur Hand sei.

In der Entwicklung des linguistischen Strukturalismus vor Chomsky (dazu Lepschy, *4.8*, 33–127; Reisinger, *6.2*, 11–13) hatte sich die Einsicht durchgesetzt, daß die Linguistik deskriptiv, nicht präskriptiv verfahren müsse. Der moderne Linguist beschreibt, wie die Leute reden, er schreibt es ihnen nicht vor (Lyons, *4.9*, 43–45). Das bedeutet: die gesprochene Sprache hat Priorität vor der geschriebenen Sprache. Alle tatsächlich vorkommenden Ausdrucksformen sind gleichwertig. Die Veränderung der Sprache in der Zeit (in der Terminologie von Saussure: Diachronie) ist sekundär gegenüber der Augenblicksanalyse (Synchronie). Diese Analyse nun findet in der Weise statt, daß sprachliche Äußerungen so lange zerspalten werden, bis kleinste, nicht mehr teilbare Äußerungen (Phoneme) entstehen, die dann durch Buchstaben wiedergegeben werden und so kleinste Einheiten der grammatischen Analyse (Morpheme) ergeben. Nunmehr fragt man nach den distributionellen Fähigkeiten dieser Einheiten, d. h. nach ihrer Fähigkeit, sich zu komplexen Gebilden zu vereinigen. Lexikon und Syntax sind also die wesentlichen Bestandteile einer strukturellen Grammatik.

Durch diese Konstituentenanalyse konnten wesentliche Einsichten in das Funktionieren von Sprache gewonnen werden. Aber die wesentlichste Voraussetzung des Sprechenkönnens – das kreative, schöpferische Element der Sprache – blieb unerklärt. Schon W. v. Humboldt hatte dieses Element hervorgehoben, als er schrieb, daß die Sprache „von endlichen Mitteln einen unendlichen Gebrauch machen muß“ (zit. nach Chomsky, *4.4,* 9). Eben diese Voraussetzung zu erklären war Chomskys Ziel, wobei er davon ausging, daß das erforderliche formale Instrumentarium zur Verwirklichung eines bereits im 17. Jahrhundert skizzierten Ansatzes jetzt vorhanden sei. (Die bemerkenswerte Parallele zur Logik, wo Leibniz ebenfalls im 17. Jahrhundert das Programm und unsere Zeit die Ausführung lieferte, liegt auf der Hand.)

Die rechtstheoretische Bedeutung dieses Ansatzes weist über die Rechtsinformatik hinaus. Zu den zentralen Einsichten der zeitgenössischen Rechtstheorie gehört ja die Erkenntnis, daß kein Gesetz jemals „fertig“ ist, daß alle Gesetze vielmehr erst und immer wieder neu am Fall hergestellt werden, so wie umgekehrt der Fall erst am Gesetz gebildet wird, daß also eine ursprüngliche Verwiesenheit zwischen beiden besteht, und daß der Richterspruch, jeder Richterspruch, immer und ausnahmslos, „schöpferische Arbeit am Gesetz“ (Kaufmann-Hassemer, *8.14,* 71) ist. Eine linguistische Theorie, die das schöpferische Element der Sprachverwendung zu klären unternimmt, ist darum für die Rechtstheorie von größtem Interesse.

Wie sieht nun die Antwort aus, die Chomsky gibt? Chomsky geht von der Kompetenz eines idealen Sprecher-Hörer aus, die aufgrund der gegebenen Sprachverwendung (Performanz) erschlossen wird. Diese Zweiteilung ist verwandt einer berühmten Saussureschen

Dichotomie langue – parole; doch soll der Terminus Kompetenz zum Ausdruck bringen, daß es nicht nur um ein System der Sprache (langue) geht, sondern um ein System erzeugender Prozesse, also um ein kreatives System. In Anlehnung an den schon von W. v. Humboldt verwendeten Ausdruck „erzeugen" benutzte Chomsky den auch in der Logik üblichen Ausdruck „generieren" und sprach von einer generativen Grammatik.

Der Begriff „generativ" hat zwei Bedeutungen. Einmal eine projektive, prädikative Bedeutung, indem ein Corpus von Sätzen als Probe behandelt wird, die auf eine größere Zahl von Sätzen projiziert wird. Hier geht es also um eine Voraussage, nicht präskriptiv um ein Vorschreiben. Sodann eine explizit formale Bedeutung, indem ein System von Regeln plus einem Lexikon Entscheidungsverfahren für jede beliebige Kombination von Sprachelementen liefert. Hier geht es also um die eigentliche strukturale Beschreibung der grammatischen Kombination. Eine generative Grammatik behandelt nicht irgendeine Menge aktueller Sätze, sondern die mögliche Menge von Sätzen, und diese Menge ist unendlich groß. Es sind bestimmte Regeln, technisch ‚Rekursivregeln' genannt, die den idealen Sprecher instand setzen, die unendlich vielen Sätze seiner Sprache hervorzubringen oder zu verstehen: die Regeln sind nämlich finit festsetzbar, spezifizieren jedoch ein infinites Ergebnis, denn sie können endlos wieder auf ihr eigenes Ergebnis angewendet werden, so daß eine unbegrenzte Menge von Formalobjekten hervorgebracht werden kann.

Neben dem Begriff „generativ" steht der Begriff „Transformation". Die oben genannte Methode des Zerlegens eines Satzes in Konstituenten war nicht imstande, gewisse intuitiv empfundene Verwandtschaften zwischen verschieden konstruierten Sätzen zu erklären, wie sie beispielsweise zwischen aktivischen und passivischen Fassungen desselben Sachverhaltes bestehen. Mit einer bloßen Zerlegung und Analyse der einzelnen Konstituenten ist es in solchen Fällen nicht getan. Erforderlich ist vielmehr eine Methode, die es gestattet, den Satz völlig neu zu ordnen. Diese gab Chomsky in Gestalt von Transformationsregeln an, welche es erlauben, von der Oberflächenstruktur von Sätzen zu ihrer Tiefenstruktur vorzudringen. Dadurch wird die Verwandtschaft von Sätzen mit verschiedener Oberflächenstruktur, aber gleicher Tiefenstruktur (z. B. Aktiv – Passiv) aufgedeckt. Geklärt wird aber auch die unterschiedliche Tiefenstruktur von Sätzen, die über eine gleiche Oberflächenstruktur verfügen, wie das beispielsweise bei folgendem Satz der Fall ist: „Ein Junggeselle ist ein Mann, dem zum Glück die Frau fehlt" (Haft, *0.4*, 122–124; Reisinger, *6.2*, 9–35).

Es kommt hier nicht darauf an, die Grammatiktheorie von Chomsky im einzelnen darzustellen; noch weniger kommt es darauf an, andere Ansätze zu besprechen. Es geht lediglich darum, die Forschungsergebnisse der strukturalen Linguistik so weit zu skizzieren, daß deutlich wird, was diese für die hier anzustellenden Überlegungen zu leisten vermag. Hier ist festzuhalten, daß die syntaktische Analyse der Sprache mit dem Modell der generativen Transformationsgrammatik in abstracto gelöst zu sein scheint. Auf diesem Wege könnten auch für die Rechtsinformatik bedeutsame Fortschritte erzielt werden. Gleichwohl hat sich, nach anfänglicher Euphorie, unter den Linguisten Skepsis verbreitet, die auch den Rechtsinformatiker nachdenklich stimmen muß. Trotz aller vielversprechenden Ansätze stehen der praktischen Realisierung noch zahlreiche Hindernisse im Wege, die insbesondere in der großen Zahl und Vielfalt der erforderlichen Regeln und den Unterschiedlichkeiten bei verschiedenen Sprachen liegen; eine universale Grammatik ist vorerst nicht in Sicht (Lyons, *4.9*, 270–273; Reisinger, *6.2*, 33–35).

Will man die Relevanz dieses Ansatzes für die Rechtstheorie abschätzen, tut man gut daran, die Erfahrungen des logischen Positivismus (Sprachlogik) mit zu bedenken, wie sie im sogenannten Wiener Kreis, als dessen Wortführer Carnap gelten kann, gewonnen wurden. Der ältere Positivismus hatte nur Aussagen über Gegenstände (objektsprachliche Aussagen) und Mathematik als sinnvolle Aussagen akzeptiert, und alles andere als metaphysische Spekulation, „Sophisterei und Blendwerk" (Hume) bezeichnet. Das Feld der Mathematik wurde jetzt vergrößert, indem alle Aussagen über die Sprache (metasprachliche Aussagen) neben den objektsprachlichen Aussagen als sinnvolle Sätze zugelassen wurden. Darin liegt die Konsequenz aus der oben erwähnten Einsicht, daß man klar zwischen inhaltlichen Aussagen (Objektsätzen) und formalen Aussagen (metasprachlichen, d. h. hier syntaktischen Sätzen) unterscheiden müsse.

Carnap meinte, daß es syntaktische Konventionen gebe, die den Unsinn eines Satzes wie „Cäsar ist und" offenbar werden ließen, daß jedoch entsprechende Konventionen für Sätze wie „Cäsar ist eine Primzahl" fehlten. Dadurch werde es möglich, daß Behauptungen der spekulativen Metaphysik von der Art „Das Absolute ist vollkommen" und „Das Nichts nichtet" als sinnvolle Sätze empfunden würden, obwohl sie als ‚Pseudo-Objektsätze' in Wahrheit bar jeden Sinnes seien; weder sagten sie etwas über Objekte aus noch beschränkten sie sich darauf, bloße Begriffsrelationen auszudrücken.

Diesen Mangel der Sprache wollte Carnap durch die Konstruktion einer logischen Syntax überwinden, die ein „Begriffsgebäude, eine Sprache liefern (will), mit deren Hilfe die Ergebnisse logischer Analyse exakt formulierbar sind“ (Carnap, *4.3* im Vorwort zur 1. Aufl. 1934; im Vorwort zur 2. Aufl. von 1968 hat Carnap dieses Urteil revidiert und auf die Bedeutung von Semantik und Pragmatik hingewiesen). Die Entscheidung darüber, ob ein Pseudo-Objektsatz einen Sinn ergebe, sollte am Prüfstein der Übersetzung in einen syntaktischen Satz (‚formale Redeweise‘ statt ‚inhaltliche Redeweise‘) fallen. Carnap schrieb: „Sätze, die gar keinen Anhaltspunkt für die Bestimmung der Übersetzung bieten, stehen damit außerhalb des Bereiches der wissenschaftlichen Sprache und außerhalb der Diskussion, mögen sie im übrigen auch noch so hohe oder tiefe Gefühle hervorrufen“ (*4.3*, 241).

Dieses Programm, das eine exakte Kunstsprache vorsah, wurde nicht erfüllt. Carnap hat selbst später den Gedanken verworfen, daß eine ausschließlich die Syntax einbeziehende Theorie zum Aufbau einer Idealsprache, die es mit Bedeutung zu tun hat, hinreichend sein könnte. Er hat sich den Problemen der Semantik und Pragmatik zugewandt. Die Frage ist nur, ob das, was auf dem Boden künstlicher Setzung nicht geglückt ist, nun auf dem Boden der natürlichen Umgangssprache glücken kann. Einzelne Autoren bejahen dies unter Hinweis auf die modernen Grammatiktheorien (z. B. Katz, *8.10*), doch ist hier Skepsis geboten. Gerade die Bemühungen um die Bewältigung juristischer Texte mit diesem Instrumentarium zeigen das.

In der Bundesrepublik Deutschland hat sich im Jahre 1970 eine interdisziplinäre Arbeitsgruppe „Analyse der juristischen Sprache“ gebildet (Podlech, *4.10*, 108–110;

dort [Anm. 22] auch Nachweise der bisherigen Veröffentlichungen der Gruppe). Diese Gruppe ging von der Vorstellung aus, daß die Verwendung von Paraphrasen (Umschreibung eines Textes mit anderen Worten) in der juristischen Argumentation und Subsumtion eine zentrale Rolle einnehme. Die theoretische Rekonstruktion dieser Paraphrasenbeziehungen wurde daher als wichtiger Teilbereich einer umfassend konzipierten und rational motivierten Rechtstheorie bestimmt. Man wollte eine „Rechtsverwendungsgrammatik" ins Auge fassen. Dieses Programm wurde am Beispiel einer Norm aus dem Straßenverkehrsrecht konzipiert. Dabei zeigte sich sofort, daß hier ein ungeheurer Aufwand entsteht. Die Untersuchungen sind noch nicht abgeschlossen (zum aktuellen Stand Podlech, *4.10*, 109 f.; Rieser, *4.11*, 117 bis 142), doch bleibt Skepsis – ungeachtet der eminenten Wichtigkeit einer interdisziplinären Zusammenarbeit mit der Sprachtheorie – geboten. Tillman etwa hat eine „rein grammatische Analyse im Rahmen eines juristischen Informationssystems allein vom Aufwand her für ganz und gar unpraktikabel" angesehen (*4.16*, 292).

Der sprachliche Rationalismus ist also mit seinem hohen und fordernden Anspruch nicht ans Ziel gelangt, und er hat Gegner auf den Plan gerufen, die unter der Fahne des Intentionalismus versammelt werden können. Das ist übrigens eine auch der Rechtstheorie wohlvertraute historische Gesetzmäßigkeit; erst mußte beispielsweise der formale, rationalistische Anspruch der Begriffsjurisprudenz erhoben werden, ehe die inhaltliche Antwort der Interessenjurisprudenz hierauf gegeben werden konnte; bis in die persönliche Entwicklung eines großen Rechtsdenkers, Rudolf von Ihering, der die Begriffsjurisprudenz vollendete, um alsdann, nach einem Damaskuserlebnis, von ihr abzuweichen und die Interessenjurisprudenz zu begründen, läßt sich dies zeigen (hier existiert eine bemerkenswerte Parallele zu Ludwig Wittgenstein, der in seiner frühen Epoche die Sprachlogik mit ausarbeitete, um später die intentionalistische Philosophie der gewöhnlichen Sprache in Abkehr von seiner früheren Position zu begründen). (Haft, *4.5*.) In der Gegenwart zeigt sich dieses Verhältnis wiederum im Anspruch, den die juristische Logik erhoben, und in der Antwort, welche die juristische Hermeneutik darauf gegeben hat (Kaufmann-Hassemer, *8.14*, 65–72).

Die Intentionalisten mühen sich um den Sinn, der in der Sprache liegt. Damit ist das (bislang ungelöste) semantische Problem angesprochen. „Noch niemand hat auch nur in Umrissen eine befriedigende und umfassende Semantiktheorie angeboten" (Lyons, *4.9*, 411). Das muß bei den folgenden kurzen Hinweisen bedacht werden.

Eine Semantiktheorie muß sprachliche Äußerungen unter dem Aspekt der Bedeutung analysieren. Dies führt im wesentlichen auf die lexikalischen Elemente, also auf die Wörter, deren isolierter Bedeutungsgehalt systematisch analysiert werden muß. Hier hat man eine Reihe von semantischen Relationen wie Umfang und Inhalt von Begriffen, Synonymie, Homonymie, Hyponymie (Relation zwischen Ober- und Unterbegriff) und Antonymie (Gegensatzrelationen) bestimmt (Lyons, *4.9*, 456–481; Reisinger, *6.2*, 39–45), mit denen das Grenzgebiet zwischen Linguistik und Logik erreicht wurde und deren Relevanz für rechtsinformatische Fragestellungen deutlich wird, wenn man etwa an die automatisierte Rechtsdokumentation denkt, bei der die Lösung des Problems der Synonymie eine wichtige Rolle spielt.

Nun wird ein Wort entweder fraglos verstanden oder es wird auf andere verstandene Wörter zurückgeführt.

Jedem Juristen ist dieser Sachverhalt vertraut, wenn er an den Prozeß der Entfaltung eines Tatbestandsmerkmales (z. B. „Sache“ im Diebstahlsparagraphen) im Akte der Subsumtion eines konkreten Falles (z. B. Diebstahl von Elektrizität) unter das Gesetz denkt (z. B. Sachen sind nur körperliche Gegenstände, Elektrizität ist kein körperlicher Gegenstand, Elektrizität ist keine Sache). Hier zeigt sich die oben erwähnte Struktur des Paraphrasierens, und die Frage ist, ob hier formale Verfahren fruchtbringend eingesetzt werden können.

Die Frage ist letztlich (bislang und wahrscheinlich auch für die Zukunft) zu verneinen. „Das Textverständnis und damit das Verstehen der im Text formulierten Information durch ein menschliches Gehirn, das ja nicht nur den strukturalistischen Text, sondern auch die Daten der verfügbaren Welt verarbeitet, läßt sich bis heute nicht durch pure Zeichenmanipulationen ersetzen. Auch bei einer noch so aufwendigen Analyse der lexikalischen Elemente nach Inhaltsfaktoren sind durch rein datenverarbeitungstechnische Maßnahmen keine hinreichend äquivalenten Symbolketten darstellbar, die dem naiven Textverständnis in der Zielsprache genügen“ (Tillmann, *4.16*, 293). Als eindrucksvollen Beleg für diese Feststellung nennt Tillmann das Scheitern der automatisierten Sprachübersetzung, die es im Prinzip mit derselben Problematik wie das Paraphrasieren zu tun habe und die zum „experimentum crucis“ für die linguistische Semantik geworden sei.

Trotzdem sind die Anstrengungen nicht sämtlich zum Scheitern verurteilt. Vor allem für die Erstellung von Thesauren für die Rechtsdokumentation sind Anstrengungen der linguistischen Semantik, wie sie beispielsweise Katz (*8.10*, 138–169) unternommen hat, von Wichtigkeit. Hier werden semantische Markierungen eingeführt, bei denen freilich offen bleibt, ob es sich um Merkmale der zu charakterisierenden Begriffe oder um Eigenschaften dieser Begriffe handelt (kritisch v. Kutschera, *8.16*, 107).

Die semantischen Probleme der Umgangssprache (der die Rechts- bzw. Juristensprache angehört) sind also im wesentlichen noch offen (Wagner-Haag, *2.9*, 21). Soweit die Forderung erhoben wird, es gehe darum, die juristischen Begriffe zu präzisieren und zu standardisieren, ist zu erwidern, daß diese Forderung unerfüllbar ist. Anders als in den Naturwissenschaften, wo Fachtermini explizit verabredet werden können und insoweit „wissenschaftliche Fachsprachen" möglich sind (Leinfellner, *8.18*, 24 f.), ist eine juristische Fachsprache nur in eng umgrenztem Rahmen – etwa in extrem rechtstechnischen Bereichen, z. B. dem Grundbuchrecht oder Teilen des Verfahrensrechts – möglich. Überall, wo es um das Recht in seinem ausgezeichneten und anspruchsvollen Sinne geht, nämlich um die soziale Kontrolle und Entscheidung rechtlicher Konflikte (im weitesten Sinne), ist die Verwendung exakter Ausdrücke ausgeschlossen. Hier wird es auch in Zukunft bei dem vielbestaunten Phänomen bleiben, daß das Gesetz klüger ist als der Gesetzgeber (Radbruch, *8.22*, 207). Es ist besser, sich der Unübersteigbarkeit dieser Schranken bewußt zu sein, als in dem Versuch, sie zu übersteigen, eine von Brinckmann (*4.2*, 66) zu Recht abgelehnte Standessprache zu schaffen, mit der man zwar die Popularität der Umgangssprache verläßt, deswegen jedoch keineswegs auf die andere Seite der Präzision hinüberkommt.

Inhaltsbefrachtete Ausdrücke der Umgangssprache (und alle Tatbestandsmerkmale von Rechtsnormen zählen dazu) sind aus drei Gründen unscharf, für welche Podlech die Bezeichnungen Vagheit, Porosität und Ambuigität verwendet (*4.10,* 110 f.). Vagheit meint die Mehrdeutigkeit der Verwendungsregeln, Ambiguität die Mehrdeutigkeit von Satzstrukturen und Porosität „die Unabgeschlossenheit ihrer (sc. der Ausdrücke) durch Verwendungsregeln festgelegten Bedeutung infolge der Unabgeschlossenheit der Erfahrungshorizonte der Mitglieder einer Sprachgemeinschaft" (Podlech, *4.10,* 110 f.). Dabei ist der letzte Punkt von besonderer Bedeutung. Die Vagheit von Ausdrücken kann (in Grenzen) eingeschränkt, ambige Satzstrukturen können vermieden werden, und hier ist, aus der Sicht einer neuen juristischen Disziplin „Gesetzgebungslehre" (Noll, *8.20*), der Einsatz EDV-unterstützter linguistischer Verfahren beim Erlaß von Rechtsvorschriften, mit Nutzen möglich und wird bereits praktiziert (Lachmayer in Winkler, *0.16,* 133–147; Mutz in Lang-Bock, *0.7,* 20 f.). Nicht aber sind formale Verfahren und Lösungen beim Problem der Porosität denkbar. Es ist dies der Punkt, an dem immer wieder die Kritik ansetzt (z. B. Esser, *8.5,* 70 Anm. 45), und es wäre verfehlt, wollte die Rechtsinformatik versuchen, eine Position einzunehmen, die nicht haltbar ist. Hier wird deutlich, daß die Sprache eine „Konstituante der Wirklichkeit" ist, durch die sich der Mensch der Welt und vor allem seiner selbst bemächtigt, „und da kein Mensch dieselbe Sprache spricht und denkt, hat auch keiner genau dieselbe Welt wie irgendein anderer" (Arthur Kaufmann, *4.7,* 347). Deshalb wissen wir nie, ob wir uns gegenseitig wirklich verstehen – „wir haben keinen direkten Beleg für das Verstehen von Äußerungen, einen solchen gibt es nur für das *Mißverstehen,* wenn also etwas im Kommunikationsprozeß nicht klappt" (Lyons, *4.9,* 420).

Hier existiert also eine Grenze für alle formalen Anstrengungen. Aber es ist zu bedenken, daß auch die traditionellen rechtstheoretischen Kategorien des Auslegens und Verstehens hier obsolet werden. Die Porosität von Ausdrücken kann auf diese Weise nicht bewältigt werden. Richtigerweise geht es darum, verschiedene Begriffsverwendungen zur Deckung zu bringen und über diese Deckung Konsens zu erzielen, indem man die Voraussetzungen der Begriffsverwendung aufdeckt und darüber spricht (hier wird die große Bedeutung einer bislang nicht existierenden juristischen Rhetorik sichtbar, wie sie erstmals im Sommersemester 1976 am juristischen Fachbereich der Universität München gelehrt wurde, Haft, JA 76, 557). Wenn sich desungeachtet die traditionelle Auslegungslehre behauptet hat und weiter behauptet, so beruht dies auf ihrer Griffigkeit, die ihrerseits auf Savignys Bemühen um eine restriktive Auslegungslehre zurückgeht; Savigny, der Begründer der juristischen Auslegungslehre, wollte die Auslegung strikt auf den gesetzgeberischen Gedanken, „das in dem Wort eingeschlossene" (*8.24*, 216) beschränkt wissen, getreu seiner These, daß alles Recht eigentlich Gewohnheitsrecht sei. Eine juristische Begriffsverwendungslehre als Aufgabe der Zukunft wird diese traditionelle Auslegungslehre nur ablösen können, wenn sie ähnlich griffige Handlungsanweisungen bietet (Vorschläge bei Haft, *8.6*, 483–485; dazu auch Haft, *4.5*). So erweist sich das Bemühen der Rechtsinformatik auch da noch als fruchtbar, wo es zum Scheitern verurteilt ist, weil es die Brüchigkeit von Gegenpositionen deutlich macht.

Mit dem Stichwort ‚Begriffsverwendung' ist schließlich der letzte der obengenannten Bereiche erreicht, der Bereich der Pragmatik. Die Sprachlogiker waren der Auffassung gewesen, daß die meisten, wenn nicht alle philosophischen Probleme, aus der Möglichkeit sprachlichen Fehlgebrauchs herrührten. Sie entstammten nach ihrer Meinung nicht Kontroversen über die jeweils diskutierten Fakten, sondern der Sprache, die es möglich mache (bzw. nicht aufdecke), pseudo-inhaltliche Sätze zu bilden, die als inhaltliche Aussagen behandelt und verstanden würden, obwohl sie in Wahrheit nur quasi-formale Beziehungen zum Ausdruck brächten. Den Grund dafür hatten sie in der Gewöhnung an die ‚inhaltliche Redeweise' gesehen. Durch Übersetzung in die ‚formale Redeweise' wollte Carnap dieses Problem lösen. Mit seinem Frühwerk ‚Tractatus logico-philosophicus' gehörte auch Wittgenstein zu den Begründern dieser sprachphilosophischen Richtung (*8.26*). Er drückte das durch die Worte aus: „Was sich überhaupt sagen läßt, läßt sich klar sagen, und wovon man nicht reden kann, darüber muß man schweigen" (*8.26*, Vorwort). Die Konstruktion einer ‚Logischen Syntax' (Carnap) sollte zu diesem Ziel führen. Indes wurde das Ziel nicht erreicht. Es entstanden künstliche Sprachen, bei denen offenblieb, ob sie „unter empirischer Kontrolle stehende idealisierte Beschreibung seien oder ideale philosophische Systeme, die erfundene antimetaphysische Stipulationen einbeziehen. Diese Doppeldeutigkeit ergab eine völlige Unklarheit darüber, was solche Kunstsprachen als Leistung für sich in Anspruch nehmen und was die Berechtigung dafür böte, eine von ihnen als Idealsprache anzusehen" (Katz, *8.10*, 65). Wittgenstein selbst hat denn auch seine frühere Auffassung revidiert. Hatte er noch im ‚Tractatus logico-philosophicus' die Wahrheit der dort mitgeteilten Gedanken für „unantastbar und definitiv" (*8.26*, Vorwort) erklärt, stellte er, siebenundzwanzig Jahre später, im Vorwort zu den ‚Philosophischen Untersuchungen' (*8.27*) „schwere Irrtümer" in seinem Frühwerk fest und drückte die Einsicht aus, daß das Ziel des logischen Empirismus – die Erzeugung einer künstlichen Idealsprache mit präzise bestimmten Begriffen und eindeutigen Propositionen zum Ausdruck der realen Form der Fakten – nicht erreicht werden könne.

Wittgenstein kehrte nochmals zum Ausgangspunkt des Tractatus zurück: der Feststellung, daß es möglich sei, die natürliche Sprache falsch zu gebrauchen und Unsinn im Gewande von Sinn zu erzeugen. Die natürliche Sprache gewährte denen, die sie verwendeten, eine Freiheit, die auch mißbraucht werden könne; geschehe dies, gehe nicht nur die Klarheit und Verständlichkeit verloren, sondern darüber hinaus auch der Sinn, ohne daß dies immer erkennbar sei. Der logische Empirismus habe versucht, das Problem durch einen wissenschaftlich orientierten Ansatz zu bewältigen, wobei er sich am Leitbild der Naturwissenschaften orientiert habe. Eben daran sei er aber gescheitert. Die Naturwissenschaften hätten es mit eng begrenzten Fachbereichen zu tun, in denen Fachsprachen mit hinreichend präzisen Begriffen geschaffen werden könnten. In der Philosophie sei dies aber nicht möglich. Hier (und man kann ergänzen: auch im Recht) müßten Begriffe verwendet werden, die aus der gewöhnlichen Sprache stammten und dort ein breites Spektrum von Verwendungsmöglichkeiten hätten. Deswegen seien diese Begriffe notwendig vage und mehrdeutig. Ein zu wissenschaftlich orientierter Ansatz gerate zwangsläufig zu dem Versuch, diese Vagheiten und Mehrdeutigkeiten zu eliminieren. Eben damit aber werde der Sprache das Wesentliche genommen. Deswegen sei der Ansatz des logischen Empirismus verfehlt; es müsse eine andere Richtung eingeschlagen werden.

Diese andere Richtung, die seitdem als ‚Philosophie der gewöhnlichen Sprache (ordinary language philosophy)' diskutiert wird, fand Wittgenstein in der Beobachtung. Und zwar wollte er den Sprachgebrauch derer beobachten, die die in der Sprache gewährten Freizügigkeiten nicht mißbrauchten. Er wollte beobachten, wie der richtige Sprachgebrauch ‚gewöhnlich' stattfand, um von hier aus Anhaltspunkte für die Aufdeckung des ungewöhnlichen und sinnlosen Sprachgebrauchs zu gewinnen. So wollte er die philosophischen Probleme beseitigen, die entstehen, „wenn die Sprache feiert" (*8.27*, § 38). In der kürzestmöglichen Formel läßt sich dieses Programm in Wittgensteins Aufforderung „denk nicht, sondern schau!" (*8.27*, § 66) ausdrücken.

Mit seinem Bemühen, „Differenzen hervorzuheben, Nuancen aufzuzeigen und Unterschiede zu machen, den Wert des Einzelfalles gegenüber der Verallgemeinerung aufzuweisen" (v. Kutschera, *8.16*, 225) steht Wittgenstein in einer nominalistischen Tradition, wie sie für England (Wittgenstein lehrte in Cambridge) besonders charakteristisch ist. Es überrascht darum nicht, daß es ein englischer Rechtsdenker, H. L. A. Hart, ist, der diese Vorgehensweise aufgegriffen und für das Recht fruchtbar gemacht hat. Hart hat Wittgensteins Lehre von den ‚Familienähnlichkeiten' übernommen und betont, daß Wittgensteins Rat „denk nicht, sondern schau!" „besonders für die Analyse von rechtlichen und politischen Ausdrücken relevant" (*8.7*, 332) sei (Eckmann, *8.4*).

Aus Wittgensteins Spätphilosophie entwickelte sich eine zeitgenössische Richtung, die als ‚linguistische Pragmatik' oder ‚Linguistik des sprachlichen Handelns' bezeichnet werden kann und für welche die namentlich von Austin (*4.1*) und Searle (*4.14*) entwickelte Theorie der Sprechakte kennzeichnend ist. Die linguistischen Pragmatiker fragen nach dem sprachlichen Handeln. Sie wollen wissen, was geschieht, wenn Sprache gebraucht wird. Und sie entdecken, daß die Bedeutung sprachlicher Ausdrücke in ihrem Gebrauch liegt. Ihnen geht es darum, wie man Dinge mit Wörtern tut – „How to do things with words“, wie Austin dies treffend im Titel seines Buches zum Ausdruck gebracht hat (*4.1*). Nicht das Zeichen, das lexikalische Symbol, ist ihnen die kleinste Einheit der Sprache, sondern die „Produktion ... eines Satzzeichens unter bestimmten Bedingungen“ und demgemäß sind ihnen „Sprechakte ... die grundlegenden oder kleinsten Einheiten der sprachlichen Kommunikation“ (Searle, *4.14*, 30).

Eine rechtstheoretische Entsprechung ist bislang nur ansatzweise mit der oben erwähnten Begriffsverwendungslehre (Haft, *8.6*, 483–485; Haft, *4.5*) vorhanden. Gerade im Recht sind ja die handlungstheoretischen Aspekte sehr ausgeprägt. Austin, der besonders die situationsübergreifenden Bedingungen herausgearbeitet hat, die auf den sogenannten Institutionen beruhen, demonstrierte dies vorzugsweise am Beispiel des Richterspruchs (*4.1*, 43 f.). Eben darum hat Tillmann zu Recht betont, daß die Sprache der Juristen ein wichtiges Thema der linguistischen Sprachtheorie zu werden verspricht (*4.16*, 295). Es verhält sich aber auch umgekehrt, wie die erwähnte Begriffsverwendungslehre zeigt, bei der es darum geht, jene rein sprachlichen „Vor-Normen“ aufzudecken, die dem textinhaltlichen „Vor-Verständnis“ eines Rechtsanwenders mit Notwendigkeit vorausgehen und die sein Verhalten insoweit bestimmen, als es darum geht, von dem im Gesetz zur Verwendung freigegebenen Stück Sprache einen richtigen Gebrauch zu machen (Haft, *4.5*).

Die linguistische Pragmatik geht von der Hypothese aus, daß „eine Sprache sprechen bedeutet, Sprechakte auszuführen – Akte wie z. B. Behauptungen aufstellen, Befehle erteilen, Fragen stellen, Versprechungen machen usw. ... und daß die Möglichkeit dieser Akte allgemein auf bestimmten Regeln für den Gebrauch sprachlicher Elemente beruht und der Vollzug dieser Akte diesen Regeln folgt“ (Searle, *4.14,* 30). Mit dem Vollzug von Sprechakten ist „untrennbar verknüpft die Anerkennung der Verpflichtungen und Festlegungen, die einen wesentlichen Bestandteil dieser Sprechakte bilden“ (Searle, *4.14,* 294). Damit wird das Problem der Regel, des Sollens, in seiner Tragweite verschoben. Aus dem Kantischen Dualismus, dessen Überbrückung zu versuchen der gemeinsame Nenner der zeitgenössischen rechtsphilosophischen Anstrengungen ist (Arthur Kaufmann, *8.13,* 337 f.) verschiebt sich aus sprachtheoretischer Sicht die Kategorie des Sollens zu einer Voraussetzung des Sprechenkönnens überhaupt. Der Schluß vom Sein aufs Sollen wird sprachlich problemlos vollzogen (Searle, *4.14,* 262–294). Auch diese sehr interessanten Überlegungen, die bislang aus rechtstheoretischer Sicht kaum diskutiert worden sind und die das zentrale Anliegen der zeitgenössischen Rechtsphilosophie im Kern betreffen, sind letztlich aus formalen Anstrengungen erwachsen. Hier erweist sich die Gültigkeit der These, daß der Formalismus nicht nur durch seine Erfolge, sondern auch und vor allem durch sein Scheitern fruchtbar wird.

Die Diskussion sprachtheoretischer Grundfragen zeigt, daß hier der Rechtsinformatik Grenzen gezogen sind, die im syntaktischen und semantischen Bereich nur schwer und im pragmatischen Bereich überhaupt nicht überwunden werden können. Das mag einerseits die Sorgen derer lindern, die den Einbruch des Computers in das Recht als Verwirklichung der von George Orwell in seinem Roman „1984“ beschriebenen Alpträume sehen (und sie sind immer noch in der Überzahl). Andererseits besteht aber auch kein Grund, sich bei der Feststellung zu beruhigen, alle eigentlichen Fragen seien auch im elektronischen Zeitalter exklusiv dem Menschen vorbehalten. Bei dem Versuch, die Grenzbereiche formaler Anstrengungen im Recht zu erreichen, erweisen sich vertraute Gefilde des inhaltlichen Denkens, wie die juristische Auslegungslehre, und allgemeiner das Operieren mit Wertbegriffen, als unsicheres Gelände. Am Ende wird eine neue Geographie sein. Formale und inhaltliche Kategorien werden in einem neuen Verhältnis zueinander stehen. Das wird in den folgenden Ausführungen deutlich werden.

B. Anwendungen

I. Automatisierte Rechtsdokumentation

Unter den konkreten Nutzanwendungen datenverarbeitender Maschinen im Recht haben elektronische Datenbanken bislang die größte praktische Bedeutung gewonnen. Seit dem Jahre 1960 hat es zahlreiche Unternehmen dieser Art gegeben (Überblick bei Haft, *0.3*, 102 bis 176; speziell zur Entwicklung in den USA Hopt, *1.5*, 236–240), wobei im wesentlichen ein „graveyard of projects" (Hopt, *1.6*, 144) übriggeblieben ist. Nur wenige Projekte haben die erste Phase der Euphorie überlebt. In der Bundesrepublik Deutschland ist hier das Projekt eines staatlichen Juristischen Informationssystems (Juris) zu nennen (Haft/Müller-Krumbhaar, *5.3*) sowie die private Steuerrechtsdatenbank der Datev, eines genossenschaftlichen Rechenzentrums für die Angehörigen des steuerberatenden Berufs (Conradi, *5.1*).

Nennenswerte praktische Bedeutung hat bislang keine dieser Datenbanken erlangt. Das liegt nicht an der Technik, die mit den Möglichkeiten der Volltextspeicherung und des Dialogverkehrs über die Datenfernverarbeitung bereits einen optimalen Stand erreicht hat. Es liegt auch nicht an der Methode, die es heute gestattet, jedes beliebige Wort eines Textes als Suchdeskriptor zu verwenden, beliebige Kombinationen von Wortverknüpfungen durch die Booleschen Junktoren (Und, Oder, Nicht) herzustellen und abzufragen, und die weiterhin über ausgefeilte Vorkehrungen verfügt, um sprachliche Irregularitäten zu bewältigen; als Beispiel hierfür sei nur die automatisierte Generierung von Flexionsformen genannt (Brun-Pfeiffer in Lang-Bock, *0.7*, 239–259). Es liegt auch nicht an einer unzureichenden Benutzerforschung (Informationsverhalten, *5.7*; kritisch dazu Haft in: DVR [1975] 192–195). Die entscheidende Ursache liegt vielmehr darin, daß bislang keine formalen Techniken verfügbar sind, um die gegenseitige Relevanz verschieden formulierter Texte in einem automatisierten Verfahren aufzudecken.

Die in den letzten Jahren verschiedentlich geäußerte Besorgnis, durch elektronische Rechtsdatenbanken drohe die Gefahr der Manipulation, etwa in dem Sinne einseitiger Meinungsorientierung durch die Beschränkung auf Judikate oder in dem Sinne der Zementierung der herrschenden Meinung, ist bislang durch die Wirklichkeit nicht gerechtfertigt worden. Und auch die Sorge, es gehe die „Wohltat des Vergessens“ verloren (Zippelius, *8.28*, 130), erscheint verfrüht; vorerst hapert es noch mit dem Erinnern. Die oben aufgezeigten Probleme beim Versuch, den Prozeß des Paraphrasierens formal in den Griff zu bekommen (s. o. Teil A, Kap. IV), wirken sich hier unmittelbar praktisch aus, und es sieht derzeit nicht so aus, als seien von seiten der Linguistik praktikable Lösungen zu erwarten.

Konkrete Fortschritte erscheinen dagegen dann vorstellbar, wenn man die gesamte juristische Informationsstruktur zur Revision stellt und fragt, welche Umgestaltungen angesichts des neuen Instrumentariums der Datenverarbeitung sinnvollerweise vorgenommen werden sollten. Die bisherigen Anstrengungen hatten insofern einen gemeinsamen Nenner, als danach getrachtet wurde, herkömmliche Verfahrensweisen auf Computer zu übertragen. So wurden Gerichtsurteile, Aufsätze usw. im wesentlichen in der Form, in der sie publiziert wurden, in Datenbanken eingespeichert. Dieses Verfahren gleicht, um an ein Wort des amerikanischen Computerspezialisten Fairthorne anzuknüpfen, der Methode des Mannes, der eine Lokomotive baut, ihr jedoch Beine statt Rädern verpaßt. Besser wäre es, zu überlegen, wie die gesamte informationelle Struktur des Rechts neu zu gliedern wäre. Das ist bisher nur vereinzelt geschehen (Haft/Müller-Krumbhaar, *5.2;* auch Haft, *0.4,* 136–142). Der Vorschlag, der gemacht wurde, geht davon aus, daß es inhaltlichem (verbalem) Denken unmöglich ist, komplizierte formale Operationen auszuführen. Das wird sofort bei dem Versuch deutlich, eine mathematische Gleichung sprachlich zu lösen (Wagner-Haag, *2.9,* 12f.). Als Folge dessen hat sich ergeben, daß Begriffe mit einem hohen Abstraktionsgrad auch zur Ersetzung der komplizierten Operationen dienen, die erforderlich sind, um das Chaos der Sinnesempfindungen zu bewältigen. Das ist keine neue Feststellung; schon Kant hat die Auffassung entwickelt, daß die Form der realen Gegenstände von den Kategorien unseres Verstandes abhängig sei. Neu ist die Überlegung, daß diese methodische Not auch etwas mit der Art und Weise zu tun hat, wie wir unsere Werte handhaben. Wenn beispielsweise ein Verhalten als „schuldhaft“ bezeichnet wird, dann hat dies immer auch Bezug auf andere, ähnliche Fälle, in denen ebenfalls der Begriff der „Schuld“ bejaht wurde. Ein Fallvergleich ist immer inmitten, und der abstrakte Wert ermöglicht es, diese Operation eindimensional auszuführen, ohne die vielen möglichen Entscheidungskriterien zu berücksichtigen, die in sozialen Konflikten immer enthalten sind und die eigentlich mit zu bedenken wären, die aber bei inhaltlichem Denken nun einmal nicht in den Denkprozeß einbezogen werden können.

Die Überlegungen (die hier nur angedeutet werden können – nähere Ausführungen bleiben der Publikation meiner Habilitationsschrift „Theorie der Rechtskonflikte"[3] vorbehalten) besagen, daß hier die Wurzel einer verfehlten begriffsrealistischen Tradition liegt, die besagt, ein Vergleich zweier Dinge sei immer nur unter einem vorgegebenen Aspekt – einem realen Begriff (Wert) – möglich. Nach meiner Auffassung werden die Begriffe gebildet, nicht um die Dinge vergleichen zu können, sondern um die Operation des Vergleichs methodisch (d. h. verbal, eindimensional) durchführen zu können. Man sieht zwei verschiedene Gegenstände und abstrahiert von allen Ungleichheiten, bis man in dem eindimensionalen Verfahren der „Prädikation" (Kamlah-Lorenzen, *4.6*, 27–31) Begriffe zu- oder absprechen kann. Könnte man hier formale Techniken einsetzen (was in der Umgangssprache aber nicht möglich ist), so könnte man diesen Vergleich wesentlich differenzierter als im traditionellen Verfahren durchführen.

Auf die Ebene rechtstheoretischer Fragestellungen übertragen, bedeutet dies, daß jeder Rechtsfall zunächst einmal die Entscheidung in sich selbst trägt. Gäbe es einen Fall, den es so oder so ähnlich noch nie gegeben hätte, so wäre es gleichwohl möglich, ihn aus sich heraus zu entscheiden. Die Rechtsentscheidung setzt nicht die Existenz von Entscheidungsregeln – seien sie in abstrakte Wertbegriffe, seien sie in Normsätze eingeklei-

---

[3] Eine Stellungnahme zu dem bislang nicht veröffentlichten Typoskript findet sich im 3. Band des grundlegenden Werkes von Wolfgang Fikentscher, Methoden des Rechts in vergleichender Darstellung Bd. III, Mitteleuropäischer Rechtskreis Tübingen 1976, S. 756.

det – voraus. Derartige Regeln haben freilich ihren guten Sinn. Denn den neuen Fall, der keinem bisherigen Fall in irgendeiner Beziehung ähnelt, gibt es ja nicht. Die Regel hat den Sinn, diese Ähnlichkeiten aufzuweisen. Sie führt zu den Präzedenzien (über den Tatbestand) und sie transportiert die für die Präzidenzien gefundene Entscheidung auf den neu in Rede stehenden Fall (über die Anordnung der Rechtsfolge). Aber das sind nur denkökonomische Funktionen; für die Findung der Entscheidung bedarf es der Regel grundsätzlich nicht.

Man ist bei diesen Überlegungen sofort versucht, die Frage nach dem angelsächsischen case-law zu stellen. Tatsächlich existiert ja im amerikanischen Rechtsrealismus eine bedeutende Richtung, die vor allem mit dem Namen Oliver Wendell Holmes verbunden ist und der sich auch der späte Cardozo angeschlossen hat – eine Richtung, welche *erst* den Fall aus sich heraus entscheidet und *dann* nach Gründen sucht, welche diese Entscheidung argumentativ abstützen soll. Wenn dabei Regeln aufgestellt werden und der konkrete Fall (A hat X getan, was zur Rechtsfolge Y führt) ins Allgemeine gewendet wird (Wenn jemand X tut, soll Y die Folge sein), so hat dies etwas mit dem Vergleich ähnlicher Fälle und der Suche nach Präzedenzfällen zu tun. Dieser Vergleich ist methodisch nur durch Verwendung von Begriffen eines hohen Abstraktionsgrades möglich, indem man beispielsweise für X den Begriff der ‚Fahrlässigkeit' setzt. Tatsächlich sind viel konkretere Dinge geschehen. A hat vielleicht beim Blumengießen eine Vase vom Balkon gestoßen oder beim Autofahren versucht, in einer Zeitung zu lesen, was jeweils zu einem Schaden geführt hat. Die Vielzahl der hier denkbaren Fälle wird vergleichbar durch Einführung von Begriffen hohen Abstraktionsgrades wie ‚Fahrlässigkeit', wobei der Einebnung auf der Tatbestandsseite meist auch eine Einebnung auf der Rechtsfolgenseite (z. B. Verpflichtung zur Leistung von Schadenersatz) entspricht. Wenn man jetzt den Schritt der kontinentaleuropäischen, durch die Kodifikationsbewegung und das Systemdenken des 19. Jahrhunderts geprägten Rechtsordnung tut und nur noch von der Regel her denkt, dann geht dieser methodische Ursprung der Regeleinführung verloren. Dann wird die Norm als notwendige und alleinige Voraussetzung der Entscheidung angesehen. In der Case-law-Theorie muß es nicht notwendig so weit kommen. Hier bildet ja das Falldenken den Ausgangspunkt, und hier kommen immer wieder Fälle vor, aus denen sich beim besten Willen keine Regel ableiten läßt, weil sie in ihrer Struktur zu absonderlich und zu komplex angelegt sind. Ein berühmtes Beispiel bietet der Fall Palsgraf v. Long Island Railroad Company, dessen vieldiskutiertes Rätsel (welche Regel läßt sich daraus ableiten?) deutlich wird bei der Bemerkung, hier müsse dem Richter (sc. Cardozo) eine Norm von der Art vorgeschwebt haben,

„daß ein Eisenbahnunternehmen einem wartenden Fahrgast gegenüber nicht die Rechtspflicht hat, seinen Schaffnern zu verbieten, in einen anfahrenden Zug einen anderen Fahrgast zu schieben, der ein harmlos aussehendes Päckchen mit Feuerwerkskörpern trägt, das, wenn es aus dem Arm des aufsteigenden Fahrgasts herausgestoßen wird, auf die Geleise fällt, explodiert, den Bahnsteig erschüttert, eine Waage umwirft und dadurch den wartenden Fahrgast verletzt" (Prosser, 8.21, 40).

Es sind solche Grenzfälle, an denen die methodische Funktion der Regel – Ermöglichung des Fallvergleichs – deutlich wird, und an denen deutlich wird, daß es der

speichern, weil alle diese Stellungnahmen ihre Allge-
Regel zur Entscheidung selbst nicht bedarf. Einem Rechtsdenken, das von vornherein von Regeln hohen Abstraktionsgrades ausgeht, wird dies freilich nicht bewußt.

Diese kurzen Ausführungen sollten zeigen, in welcher Richtung eine informationelle Neustrukturierung im Recht verlaufen sollte. Sie kann sinnvollerweise nicht bedeuten, daß an den abstrakten Begriffen – also an Normen, Regeln, dogmatischen Sätzen, Entscheidungen, Wertbegriffen – angesetzt wird. Es ist kein Nutzen darin ersichtlich, die Fülle wertender Stellungnahmen zu Rechtsproblemen in einer elektronischen Datenbank zu
meingültigkeit – d. h. ihre Gültigkeit für alle *ähnlichen*
zugrunde liegenden Fälle – um den Preis einer Abstraktion erkaufen, die einen eindimensionalen Fallvergleich ermöglicht. Man potenziert dann die obengenannten linguistischen Probleme (s. o. Teil A, Kap. IV) und erzeugt Redundanz, ohne den Lerneffekt (v. Cube, *8.3*, 77–143) zu erzielen, der Redundanz im traditionellen Informationssystem rechtfertigt. Daß im augenblicklichen Entwicklungsstadium die volle Erfassung des rechtswissenschaftlichen Schrifttums in Datenbanken propagiert wird, ist demgegenüber kein Argument; hier spielen einmal die technischen Möglichkeiten, zum anderen die Furcht vor Manipulation eine Rolle. Beide Begründungen haben keinen Bestand vor den methodischen Überlegungen, die in eine andere Richtung weisen.

Diese andere Richtung kann nur darin liegen, daß Fälle erfaßt und vergleichbar gemacht werden, und zwar auf eine exaktere und differenziertere Weise als nach der eben beschriebenen Methode. Denn nur dann wird von dem formal erweiterten, inhaltlich irrelevanten Instrumentarium der Informatik auf dem Gebiete des juristischen Informationswesens ein sinnvoller Gebrauch gemacht. Erste Vorschläge für das Verfahren sind gemacht worden (Haft/Müller-Krumbhaar, *5.2*; Haft, *0.4;* dazu Reisinger, *0.10*, 90 f.). Diese sind kritisiert worden (Kilian, *6.1*, 127–131; Hopt, *1.6*, 147), wobei zwischen dem Ansatz und seiner Durchführung zu trennen ist. Was die Durchführung angeht, ist die Kritik zweifellos in vielen Punkten berechtigt. Freilich können hier ohne praktische Experimente, die einen gewissen Aufwand voraussetzen, kaum Verbesserungsvorschläge gemacht werden. Was den Ansatz angeht, so hat eine Auseinandersetzung bisher nicht stattgefunden. Dabei hat vielleicht das Problem eine Rolle gespielt, daß auch beim Einsatz anspruchsvoller formaler Techniken letztlich eine begriffliche Verankerung der Einzelheiten eines Rechtsfalles unausweichlich ist. Das hat zu der Vorstellung geführt, bei dem erwähnten Ansatz gehe es um eine Art von Deskriptorenmethode. So hat Hopt hier einen Gegensatz zur Volltextmethode gesehen (was treffend ist, aber nicht die Durchführung, sondern den grundsätzlichen Denkansatz betrifft) und eine Parallele zur „Deskriptormethode (point of law method) von Melton und Bensing“ gezogen; beide Ansätze hätten sich aus denselben Gründen nicht durchgesetzt (*1.6*, 147). Hier liegt freilich ein Versehen vor. Die ‚point of law method‘ betrifft nicht das Verfahren von Melton und Bensing (dazu Haft, *0.3*, 146–151), sondern das Verfahren von Morgan (dazu Haft, *0.3*, 124 f.), der davon ausgegangen war, jeder Rechtsfall könne durch „einen oder mehrere Punkte gekennzeichnet werden“, die er „points of law“ nannte und unter denen er „. . . facets or pivotal points upon which the case rests“ verstand. Diese Auffassung hat sich sehr bald als irrig erwiesen. Sie hat jedoch nichts mit dem hier gemeinten Denkansatz zu tun, der ja gerade nicht darauf abzielt, Fälle über die rechtlichen Lösungen (points of law) zu erfassen, sondern sie vielmehr unmittelbar – ohne Rückgriff auf rechtliche Entscheidungen – erfassen, strukturieren und vergleichbar machen will.

An dieser Unmittelbarkeit hat die Kritik von Kilian angesetzt, der den erwähnten Vorschlag für ein „gegenüber den bisher bekannten Deskriptorverfahren weniger zuverlässiges Textsuchmodell" (*6.1*, 131) hält. Seine Einwände betreffen die Wahl der Begriffe und die Offenheit der Wertpositionen. Zwischen Tatsachenwahrnehmung und Tatsachendeutung könne nicht getrennt werden, die Begriffe seien entweder zu allgemein oder zu speziell und zu heuristisch konstruiert; der Wertungsvorgang für die Ähnlichkeitsentscheidung bleibe offen. Diese Einwände würden wirklich treffen, wenn es bei dem Bemühen, soziale Realität (umgangs-)sprachlich zu bewältigen, eine Alternative gäbe. Sie gibt es aber prinzipiell nicht. Ohne großes Vertrauen in die intuitiven Erkenntnisse des Sprechers kann hier nicht gearbeitet werden. Für die Sprachphilosophie hat Searle das ganz offen ausgesprochen und zu Recht betont, niemand, auch nicht die extremsten Behaviouristen und Empiristen, könnten anders verfahren (*4.14*, 29). Entsprechendes gilt für die Rechtstheorie. Den Dingen wird Gewalt angetan, wenn so getan wird, als sei es erst nach dem Studium von Regeln und abstrakten Rechtsbegriffen möglich, zu erkennen, was ein Rechtsfall ist und welche Fakten für die Entscheidung dieses Falles bedeutsam sind. Der Fall ist immer das Primäre. Er ist zuerst da, und mit ihm das Bedürfnis nach rechtlicher Entscheidung. Erst dann kommen die abstrakten Begriffe und mit ihnen die Regeln, die es erlauben, künftig vorkommende ähnliche Fälle mit dem in Rede stehenden Fall zu vergleichen und Gemeinsamkeiten wie Unterschiede festzustellen.

Es ist hier nicht möglich, weitere Einzelheiten zu diskutieren. Nur der grundsätzliche Ansatz soll vorgestellt werden. Danach sind informationelle Strukturverbesserungen unter Einsatz der Datenverarbeitung dann vielversprechend, wenn sie als Fallanalyse mit dem Ziel des Fallvergleichs durchgeführt werden. Dazu müssen (irgendwie) Fallelemente und Relationen zwischen ihnen sowie (von außen vorzugebende) Kriterien für den Ähnlichkeitsvergleich festgelegt werden (Einzelheiten bei Haft/Müller-Krumbhaar, *5.2*). Ein starker Rückgriff auf die Intuition ist dabei unvermeidlich.

Es liegt auf der Hand, daß die gegenwärtige Informationsdarbietung hierfür kaum geeignet ist. Was mitgeteilt wird, sind durchwegs nicht Fälle, sondern Lösungen; worüber gestritten wird, sind nicht Fakten, sondern Prinzipien (und über Prinzipien kann man nach einem trefflichen Wort Paretos, anders als über Ergebnisse, nicht diskutieren – Noll, *8.20*, 126). Im Zeitalter der Datenverarbeitung müßte auf die Originalfälle zurückgegriffen werden, wie sie vor die Gerichte kommen, und es ist dabei von vornherein nicht ausgeschlossen, auch frühere Stadien als beispielsweise die Endfassung eines Falles im Urteilstatbestand zu erfassen. Die Fallgenese könnte mit berücksichtigt werden, und die Analyse könnte auch darauf gerichtet sein, zu ergründen, welche Rolle sie bei einem Fallvergleich spielt.

Diese Neustrukturierung juristischer Informationsprozesse wird sicherlich auch die gegenwärtige Rolle des Buches, insbesondere des juristischen Kommentares, verändern. Die Lösung der Zukunft wird sehr wahrscheinlich in einer Arbeitsteilung zwischen Buch und Datenbank liegen. Das Buch wird das Medium für prinzipielle

Ausführungen sein, die anläßlich einzelner beispielhafter Fälle und Fallgruppen gemacht werden und die auf ähnliche Fälle übertragen werden können, während die Datenbank, über ein geeignetes System mit dem Buch verbunden, diese ähnlichen Fälle zeitnah und ohne Suchaufwand erfassen kann, so daß angesichts eines problematischen Falles das gesamte verfügbare einschlägige Material zur Verfügung steht. Entsprechende Voruntersuchungen sind in den letzten Jahren durchgeführt worden; die Ergebnisse sind ermutigend. Es wäre sinnvoll, wenn sich die juristischen Verleger, die sich in der Bundesrepublik Deutschland vor einigen Jahren zur ‚Verlegervereinigung Rechtsinformatik' zusammengeschlossen haben, positiv mit diesen Möglichkeiten befassen würden, statt nur negativ vor einer Bedrohung durch die Automation, insbesondere das Projekt Juris, zu warnen (so auch Kreppel, *5.5*, 2325 f.).

II. Entscheidungsautomatisierung

Die Vision des Urteils aus dem Computer hat in den letzten Jahren die Juristen bewegt, und was dabei meist gesehen wurde, war ein Schreckensbild. Inzwischen hat es eine Reihe von ernsthaften methodischen Auseinandersetzungen mit der Problematik gegeben (u. a. Reisinger, *6.2;* Kilian, *6.1;* Suhr, *6.3*), auf die hier im einzelnen nicht eingegangen werden kann. Als gesichert kann jedenfalls inzwischen gelten, daß der Paragraphenautomat, von dem Max Weber gesprochen hat, nicht realisiert werden kann. Soweit die Tatbestandsmerkmale von Normen quantifiziert und die Relationen zwischen ihnen eindeutig dargestellt werden können, ist eine Automatisierung relativ problemlos möglich. Dies trifft jedoch nur für wenige Rechtsgebiete, insbesondere das Steuerrecht, das Sozialversicherungsrecht und Teile des öffentlichen Rechtes zu (Haft, *0.3,* 21–62). Hier lassen sich die oben (Teil A, Kap. III) beschriebenen Techniken und Methoden der Informatik nutzbringend anwenden. Es sind aber gerade diese Gebiete aus rechtsmethodologischer Sicht am wenigsten interessant. Interessant sind jene Gebiete, in denen es um die Kontrolle und Bewältigung sozialer Konflikte geht, und hier sind, soweit es um die Automatisierung von Einzelfallentscheidungen geht, praktikable Lösungen noch nicht in Sicht.

Natürlich lassen sich Rechtsnormen logisch analysieren, und natürlich ist es möglich, den klassischen Justizsyllogismus unter Vernachlässigung des Problems der Wahrheitswertbestimmung von Sollsätzen in eine Implikationsformel umzuwandeln, so daß er maschinell operabel wird. Aber die eigentlichen Probleme bleiben deswegen offen. Sie liegen nicht in der formalen Struktur von Normen (auch wenn hier vielfach Unklarheiten analysiert und nutzbringend beseitigt werden können; vgl. etwa zur Problematik des ‚oder' in § 5 AktG Klug, *2.4*, 41; Balk, *2.2*), sondern in den Begriffen und Urteilen. Schopenhauer hat einmal gesagt: „Der gesunde Mensch ist gar nicht in Gefahr, falsch zu schließen, aber sehr, falsch zu urteilen. Falsche Urteile gibt es in Mengen, hingegen falsche Schlüsse, im Ernste gemacht, sind sehr selten." Diese weise Einsicht wird auch durch den formalen Aufwand der modernen Logik nicht widerlegt. Zippelius hat hier sicher einem verbreiteten Unbehagen Ausdruck gegeben, als er bemerkte, der „kalkulierende" Jurist erinnere „gelegentlich etwas an den Mann, der die Hose mit der Beißzange angezogen hat" (*8.28*, 126). Und Reisinger hat einsichtig bemerkt, den Formalwissenschaftlern könne „nicht der Vorwurf erspart bleiben, sich zu wenig um die Anwendung ihrer Kalküle in den Substanzwissenschaften zu kümmern" (*0.10*, 52). Freilich ist es auch nicht damit getan, wenn sich die Substanzwissenschaftler bei dieser Feststellung beruhigen. Sie sind ihrerseits dazu aufgerufen, zu überlegen, welche vertrauten, aber nicht vollkommenen Methoden angesichts erweiterter formaler Techniken revidiert werden können und müssen.

Hier liegt nun der Ansatzpunkt ganz eindeutig bei dem vertrauten Schema von Gesetz und Richterspruch. Daß die richtige Anwendung des Gesetzes im Mittelpunkt der juristischen Methodenlehre steht (vgl. nur Larenz, *8.17*, insbes. 232–260, 298–345), ist ja weder zwangsläufig noch selbstverständlich. Greift man unter den vielen hierfür ursächlichen Entwicklungen nur die wichtigste heraus, das Nachwirken des im 19. Jahrhundert von Auguste Comte begründeten Positivismus, so stößt man sofort auf das Paradox, daß diese Lehre, die nur das tatsächlich Gegebene außer der Mathematik anerkannte, als Rechtspositivismus nicht etwa zu einer Besinnung auf das hier tatsächlich Gegebene – die Rechtstatsachen, die Rechtskonflikte – geführt hat, sondern zu den Normsätzen, die doch letztlich auf das verweisen, was so engagiert bekämpft wurde – metaphysische Spekulation. Noll spricht hier von Irrtümern des juristischen Positivismus und betont zu Recht, daß die Wahl des Gesetzes „als nicht weiter reflektiertes Kriterium der Richtigkeit einer Aussage und damit als oberste, undiskutierte Autorität" keine rationale Begründung erfahren habe (*8.20*, 20). Die Ursache hierfür kann allein im methodischen Bereich gefunden werden. Dies hat bereits Savigny, auf den die starke Systemtendenz der deutschen Rechtswissenschaft wesentlich zurückzuführen ist (Coing, *8.2*, 57) mit aller wünschenswerten Klarheit ausgesprochen, als er in seiner berühmten Schrift aus dem Jahre 1814 „Vom Beruf unserer Zeit für Gesetzgebung und Rechtswissenschaft" die abgeschlossene Kodifikation für unmöglich erklärte, „weil es für die Erzeugung der Verschiedenheiten wirklicher Fälle schlechthin keine Gränze giebt" (*8.23, 22*). Anders verhält es sich mit dem System der Rechtsinstitute. Auch dies hat Savigny deutlich zum Ausdruck gebracht, als er bei Darlegung seiner Auslegungslehre den „natürlichen Unterschied" betonte, welcher darin liege, „daß wir das Rechtsinstitut zuerst gesondert construieren und hinterher willkürlich (!) kombinieren können, anstatt daß uns das Rechtsverhältnis durch die Lebensereignisse gegeben wird (!), also unmittelbar in seiner konkreten Zusammensetzung und Verwicklung erscheint“ (*8.24*, 10). Unabhängig vom heute erledigten Streit um die Kodifikation bleibt festzuhalten, daß Gesetze methodisch verfügbar sind, Fälle aber nicht. Dies galt, solange verbales Denken ohne formale Erweiterungsmöglichkeiten stattfinden mußte. Die Frage ist, ob es auch heute noch gilt.

Für das Problem, wie den sozialen Konflikten in der Welt mit den Mitteln des Rechts beizukommen sei, ist bis heute – jedenfalls in unserer kodifikatorisch bestimmten Rechtsordnung – nur eine methodisch an den Prinzipien der Gerechtigkeit orientierte Lösung gefunden worden. Ausgangspunkt waren immer leitende Begriffe hohen Abstraktionsgrades, die entweder deduktiv aufgespalten oder induktiv als Abbild sozialer Ordnungselemente gewonnen wurden. Ausgangspunkt war immer der soziale Frieden, der Zustand, wie er herrschen würde, wenn es keine Konflikte, keine Rechtsfälle gäbe. Er diente, in Sollensregeln eingekleidet, als Maßstab, um die Konflikte auszumachen, und zugleich als Handlungsanweisung, um sie entscheiden zu können.

Bisher gab es keinen Grund, diesen Ausgangspunkt in Frage zu stellen. Auch das angelsächsische Fallrecht mußte ja zu Abstraktion und Regel greifen, wollte es Fälle vergleichbar machen, in einen sinnvollen Zusammenhang bringen und gleiche Rechtsfolgen für gleiche (d. h. genau: ähnliche) Voraussetzungen sicherstellen. Heute jedoch ist die Situation so, daß angesichts des Eindringens der Informatik in die Rechtstheorie zumindest die Frage nach einer Alternative gestellt und die sich visionär ergebende Antwort bis zum Ende durchdacht werden sollte. Ein solches methodenorientiertes Vorgehen erscheint sinnvoller als pauschale Verurteilungen der Negativa des vielgegeißelten kypernetischen Zeitalters.

Die Vision eines vollständigen juristischen Systems hat Coing entworfen (*8.2*, 58). Er meint, es müsse zweierlei enthalten, nämlich erstens eine vollständige Tafel der Grundsätze der Gerechtigkeit, und zweitens alle für eine rechtliche Ordnung in Betracht kommenden Lebenssituationen und ihre Eigengesetzlichkeit. Aber, so fügt er hinzu: „Ein solches System ist nie entwickelt worden; es setzt die vollständige Kenntnis der sittlichen Welt und der natura rerum voraus" (*8.2*, 58). An der Tafel der Gerechtigkeit ist wieder und wieder gearbeitet worden. Jetzt scheint der Augenblick gekommen, es einmal mit der natura rerum zu probieren. Auch hier weist also alles in Richtung auf eine Analyse von Sachverhalten und Fällen, womit der Bezug zur Rechtstatsachenforschung deutlich wird. Wieviel hier noch zu tun ist, wird deutlich, wenn man im Bericht Juris liest, die Wissenschaft habe noch keine „hinreichenden Ansätze" zur Klärung des Begriffes der juristisch relevanten Sozialdaten entwickelt, und es seien bislang weder Kriterien für die Erhebung, Aufnahme und Verarbeitung der Sozialdaten erarbeitet, noch die Verbindung zur juristischen Arbeitsweise hergestellt worden (*5.4*, 64, 208).

Natürlich kann eine noch so exakte und detaillierte Analyse eines sozialen Konfliktes niemals die Wertentscheidung des Menschen ersetzen. Wie beispielsweise der Konflikt zwischen Minderjährigenschutz und Verkehrsschutz zu entscheiden (nicht zu lösen im Sinne einer Beseitigung) ist, ist eine Frage, die keinem Computer gestellt werden kann. Aber der Computer kann die Entscheidung erleichtern. Hier ist an das zur Dokumentation Gesagte (s. o. Kap. I) anzuknüpfen. Es liegt auf der Hand, daß die Aufarbeitung und geordnete Bereitstellung des vorhandenen Fallmaterials die Entscheidung wesentlich erleichtert. Die Probleme des modernen Gesetzgebers liegen ja weniger darin, daß man über Werte streitet, als daß man bei grundsätzlicher Einigkeit in Wertungsfragen über die Fakten unzulänglich unterrichtet ist und die Folgen vorgesehener legislativer Maßnahmen nicht mit ausreichender Sicherheit prognostizieren kann. Eine Falldokumentation kann hier Abhilfe schaffen, und sie kann auch Fingerzeige für optimale Lösungen erbringen (s. u. Kap. III).

Dabei geht es nicht einfach um eine Sammlung und Dokumentierung vorhandener Sachverhalte. Den fertigen, abgeschlossenen Sachverhalt gibt es ja nicht (oder genauer: es gibt ihn nur als methodische Voraussetzung des gesetzlichen Tatbestandes). Fälle entwickeln sich in der Zeit, sind Geschehnisse. Wenn heute soviel von der „Geschichtlichkeit des Rechts" die Rede ist (Nachweise bei Arthur Kaufmann, *4.7*, 338–343), sollte auch bedacht werden, daß nicht nur das Gesetz als ein in seiner Geschichtlichkeit zu begreifendes Phänomen gesehen werden muß, sondern auch der Fall, und zwar nicht nur hinsichtlich seiner Herstellung am Gesetz (welchen Aspekt die juristische Hermeneutik zu Recht betont), sondern auch hinsichtlich seiner Genese in der Zeit. Der juristische Sachverhalt stellt einen durchaus willkürlichen Querschnitt dar. Oben (s. o. Kap. I) wurde gesagt, daß auch die davor liegende Entwicklung erfaßt werden könnte. Jetzt bleibt zu ergänzen, daß auch das, was danach kommt, also die Entscheidung und ihre Auswirkungen, mit Nutzen in die Analyse einbezogen werden können.[4] Das

[4] Diese Grundüberlegung spielt auch eine Rolle in meiner strafrechtlichen Monografie „Schuldprinzip und Erfolgshaftung im Strafrecht", Freiburg/München 1977, wo die Schuld als ein sich

scheint eine Vervielfachung des juristischen Aufwandes zu implizieren, aber gerade in der Bewältigung komplexer Strukturen liegt ja die Stärke der automatisierten Datenverarbeitung.

Im gegenwärtigen Diskussionsstand wird das Problem der Entscheidungsautomatisierung im Recht vorwiegend als ein Problem der Programmierbarkeit von Gesetzen gesehen und wird die Frage diskutiert, ob nicht Gesetze von vornherein als Programme erlassen werden können (Hopt, *7.2*, 65, Fußn. 12). Daß eine derartige Beschränkung nicht nötig ist, zeigt das in den USA unternommene Bemühen, richterliche Entscheidungen ohne jeden Rückgriff auf Normen durch Formalisierung von Rechtsfällen zu prognostizieren („predicting judicial decisions“), wobei erstaunlich hohe Trefferquoten erzielten werden (Reisinger, *0.10*, 89 f.). Es ist kein Hinderungsgrund ersichtlich, beim Einsatz formaler Techniken an die Stelle von Gesetzen Musterfälle als leading cases zu setzen und die dort angeordnete Lösung verbindlich zu machen. Dabei können beliebig viele Variationen mit abweichenden Lösungen gebildet (oder sogar der Praxis) entnommen werden und beliebige Differenzierungen vorgenommen werden, Möglichkeiten, die bei der verbalen Formulierung von Gesetzen ausgeschlossen sind (vgl. nur Noll, *8.20*, 244–282).

---

ständig ändernder, vor allem auch als ein sich in einem „Schulddialog“ ändernder Gegenstand begriffen wird.

III. Rechtsinformatik und soziale Konsistenz

Abschließend sei der Übergang von einer mikroskopischen Betrachtung (Entscheidung des einzelnen Rechtsfalles) zu einer makroskopischen Betrachtung (Regelung einer Vielzahl von Fällen) vollzogen. Er spiegelt das in der Gegenwart mehr und mehr in den Vordergrund tretende Interesse an umfassenden gesellschaftlichen Beziehungen wider, wie es namentlich von den Forschungsbereichen der Sozialphilosophie und Rechtssoziologie zum Ausgangspunkt ihrer Untersuchungen gemacht wird. Hier sind vor allem zwei Ansätze zu nennen, die den (immer wiederkehrenden) Gegensatz von formaler und inhaltlicher Methode verkörpern. Auf der einen Seite steht die soziologische Systemtheorie, deren bedeutendster Vertreter in der Bundesrepublik Deutschland Niklas Luhmann ist. Auf der anderen Seite steht die Kritische Theorie. Es versteht sich von selbst, daß hier keine Auseinandersetzung mit beiden Richtungen versucht werden kann (dazu Kaufmann-Hassemer, *8.14,* 27–34). Nur einige Stichworte können gegeben werden, soweit sie die hier behandelte Problematik berühren.

Luhmann geht davon aus, daß moderne hochkomplexe Gesellschaften nicht mehr auf vorausgesetzten traditionalen oder naturrechtlichen Werten basieren können. Die Vielfalt der heutigen Welt übersteige das Vermögen des

Menschen zu begrifflicher, bewußter Erlebnisverarbeitung. Darum müsse diese Komplexität reduziert werden. Das geschehe durch soziale Systeme, unter denen er einen Sinnzusammenhang von sozialen Handlungen versteht, die aufeinander verweisen und sich von einer Umwelt nicht dazu gehöriger Handlungen abgrenzen lassen. Im Recht sei jedes Verfahren ein solches System; es werde allein durch seine Funktion legitimiert und erzeuge Wahrheit als reine Leistung des Systems (Luhmann, *8.19;* kritisch dazu Esser, *8.5,* 202–213). Demgegenüber sucht die Kritische Theorie nach einem inhaltlichen Interesse des Menschen und findet es im Interesse an der Emanzipation im sozialen System. Der von sozialen Abhängigkeitsverhältnissen Betroffene soll sich, dies ist die Hoffnung, durch Reflexion und Selbstreflexion aus ideologischen Abhängigkeiten befreien können, soll mündig werden und soll gemeinsam mit anderen zu einer emanzipierten Gesellschaft kommen, in der ein „herrschaftsfreier Dialog" geführt wird.

Beide Ansätze sind für die Rechtsinformatik von Interesse. Auf der einen Seite unternimmt sie mit den Methoden der kybernetischen Systemtheorie den Versuch, komplexe Zusammenhänge beherrschbar zu machen. Die Parallele zu Luhmann, aber auch der Unterschied liegt auf der Hand, wenn an die Stelle der reduzierten die beherrschte Komplexität gesetzt wird, wobei die Beherrschung aus der formal vergrößerten und inhaltlichen umgestalteten Methode resultiert (oder genauer: resultieren sollte). Auf der anderen Seite offenbart sich hier aber auch die ganze Fragwürdigkeit der Verkürzung inhaltlicher Fragen auf formale Zusammenhänge. Es mag bei diesem Bemühen ein hohes Maß an funktionierender Operationalität erreicht werden, aber es ist unvorstellbar, computergesteuerte soziale Systeme zu installieren, ohne ständig Systemkritik von außen her zu üben. Diese Kritik sollte jedoch nicht pauschal unter unreflektierter Verwendung von Stichworten wie „Menschenwürde“, „Freiheit“, „Intimsphäre“ usw., sondern differenziert erfolgen. So notwendig diese Kritik ist, so notwendig ist, daß sie fachkundige Kritik ist. Das setzt die Kenntnis zumindest der methodischen Grundlagen voraus.

Die kybernetische Systemtheorie hat ein breites Arsenal von Begriffen und Methoden wie Modellbau, blackbox-Methode, trial-and-error-Verfahren, Simulation und Planspiel, Operations Research u. a. m. entwickelt, ohne daß die Bedeutung und die fachspezifische Zuordnung durchweg zweifelsfrei zu klären wäre. Angesichts dieser verwirrenden Vielfalt mag es beruhigen, daß eine Besinnung auf das Prinzip – ohne terminologischen Aufwand – die Grundgedanken deutlich werden läßt:

Soziale Systeme lassen sich in Modellen abbilden. Dazu muß man entscheiden, welchen Ausschnitt aus der sozialen Realität man als System analysieren will. Dabei ist man prinzipiell frei. Man kann etwa die Gesamtheit der Mieter von Wohnungen als System begreifen (Haft/Müller-Krumbhaar, *7.1*, 271–274 mit Anm. von Steinmüller, Storsberg, Eberle und Garstka ebenda), oder die Gesamtheit der Wähler, den Absatz eines Unternehmens (Hopt, *7.3*, 8) – oder was immer man will. Das Modell stellt nun die einzelnen Systemkomponenten (feste und variable Größen) und die gegenseitigen Abhängigkeiten dar (Hopt, *7.3*, 1–40). Erkenntnisse gewinnt man nun, wenn man gezielt einzelne Variable verändert. Man kann dann ein (dynamisches) System am Modell studieren. Das hat den Vorteil, daß teure Experimente mit der Wirklichkeit vermieden werden.

Die Bedeutung für die Rechtstheorie liegt auf der Hand. Sowohl der Gesetzgeber als auch (eingeschränkt) der Richter steuern „final“ (Hopt, *7.2*, 65) bestimmte für gerecht und/oder zweckmäßig gehaltene Ergebnisse an. Ob diese Ergebnisse erreicht werden, läßt sich aber erst nachträglich sagen. Dabei erweist sich, daß häufig die angestrebten Ziele verfehlt und/oder unerwünschte Nebenziele erreicht wurden. Wegen der hohen sozialen Kosten derartiger Experimente mit der Realität sind die Methoden der Erprobung am Modell von höchster Aktualität für die Rechtstheorie.

Wichtig ist nun, daß exakte (analytische) oder näherungsweise exakte (approximative) Modelle von sozialen Systemen wegen der hier zu verzeichnenden Kompliziertheit der Komponenten und Relationen regelmäßig nicht gebaut werden können. Es sind nur sehr grobe Modelle möglich, deren Verhalten nicht in geschlossenen mathematischen Formeln dargestellt werden kann. Hier ist man vielmehr auf tatsächliches Experimentieren – Ausprobieren – angewiesen. Die Methoden, die hierfür entwickelt wurden, faßt man unter den Sammelnamen „Simulation“ und „Planspiel“ zusammen (Müller-Krumbhaar, *7.4*, 41). Ein ganz einfaches Beispiel mag dies verdeutlichen: Hat man in dem eben erwähnten Mietersystem sechs mögliche Ursachen analysiert, aus denen eine Wohnungskündigung mit jeweils unterschiedlichen Konsequenzen erfolgen kann, und geht man davon aus, daß alle sechs Ereignisse mit gleicher Wahrscheinlichkeit eintreten, dann kann man diesen Vorgang durch einen Würfel simulieren. Man braucht nur festzulegen, daß jeder Augenzahl eines der sechs Ereignisse entspricht. Je öfter man nun würfelt, desto besser simuliert man die Realität. Bezieht man Menschen in das Verfahren ein, so spricht man statt Simulation vom Planspiel.

Bei umfangreicheren Modellen läßt sich diese Methode nicht mehr manuell durchführen. Hier wird dann der

Einsatz der Datenverarbeitung praktisch. Auf Einzelheiten ist hier nicht einzugehen. Dazu sei verwiesen auf die gründliche Darstellung durch Hopt (*7.3*, 1–40), wo sich auch Hinweise auf juristische Anwendungen dieser ursprünglich im Militärwesen und dann vor allem in der Betriebswirtschaftslehre entwickelten Methode finden. Nur ein Punkt sei abschließend noch behandelt. Er betrifft die mit dieser Methode angestrebten Ziele.

Wie immer man diese Ziele bewertet (und aufgrund ständiger, notwendiger und unablässiger Kritik neu bewertet) – sie sollen, ist die Bewertung einmal durchgeführt worden, optimal erreicht werden. Das Wort „optimal" bezieht sich dabei vor allem auf den zeitlichen Faktor. Es handelt sich ja um dynamische Modelle einer sozialen Realität, deren unaufhörlicher Wandel einen ständigen Wandel des Rechtsbewußtseins der Rechtsgemeinschaft bedeutet. Dieses Bewußtsein bildet sich nicht im globalen Raum; es bildet und verändert sich an den einzelnen Fällen (und nur an ihnen).

Hier hat nun Müller-Krumbhaar, der an der Ausarbeitung des oben erwähnten Verfahrensvorschlages zur faktenorientierten Rechtsdokumentation maßgeblich mitgewirkt hat (s. o. Kap. I) darauf hingewiesen, daß eine solche zeitnahe Falldokumentation ein zuverlässiges Mittel sein könnte, um diese Änderungen zu erfassen (*7.4*, 47 f.). Wenn die gleiche (d. h. ähnliche) Fallkonstellation auf eine veränderte Bewertung trifft und hier womöglich gar ein Trend erkennbar ist, dann ist ein Anlaß zur Prüfung gesetzgeberischer Maßnahmen geboten. Diese könnten beispielsweise in der verbindlichen Setzung von leading cases liegen. Entscheidend ist dabei die rasche Reaktionsfähigkeit des Gesetzgebers, also der zeitliche Faktor. Wie Müller-Krumbhaar gezeigt hat, werden soziale Systeme dann instabil, wenn externe Störungen sich auswirken, ehe intern ein Ausgleich der Störung über ein geeignetes Rückkopplungssystem erfolgen kann. Im Extremfall droht hier die sogenannte Reglerkatastrophe, wie man sie an schwarzen Freitagen an der Börse studieren kann: das System bricht zusammen (Müller-Krumbhaar, *7.4*, 46).

In einer Zeit, in der einerseits der soziale Wandel zunehmend rascher stattfindet, andererseits die Reaktionsfähigkeit des Gesetzgebers ständig abnimmt, ist es legitim, solchen Vorstellungen Platz einzuräumen. Es wird nicht bestritten, daß es sich um Utopien handelt, aber es wird in Anspruch genommen – und das gilt auch für andere Partien dieser Schrift –, daß es sich um sinnvolle Utopien handelt. In diesem Sinne mag gerechtfertigt sein, was der Verfasser selbst als ein – freilich unvermeidbares – Manko dieser Arbeit empfindet: der Zwang, eine Reihe von Fragestellungen der Rechtstheorie neu formulieren zu müssen, ohne sehr viel mehr als skizzenhafte und problematische Antworten geben zu können. Als gesichert scheint dem Verfasser nur ein (freilich zentrales) Ergebnis zu sein (und damit wird zugleich die Summe der vorangegangenen Ausführungen gezogen): Die Rechtstheorie der Zukunft wird unter dem Einfluß der Rechtsinformatik fallorientiert sein. Der Rechtsfall wird in seiner historischen Genese und seiner künftigen Prognostik und damit als ein sehr viel komplexeres Gebilde erkannt werden, als dies beim traditionellen methodischen Instrumentarium möglich ist. Im Mittelpunkt der juristischen Tätigkeit wird förderhin nicht mehr die Subsumtion verbaler Augenblicksbeschreibungen (Sachverhaltsdarstellungen) unter gesetzlich normierte Tatbestände stehen, sondern der Fallvergleich mit Hilfe der automatisierten Datenverarbeitung. Der Vergleich mit ähnlichen Rechtsfällen wird helfen, die sachgerechte Entscheidung zu finden, sowohl was den Einzelfall als auch was das gesamte soziale System angeht. Die dafür unerläßlichen Wertentscheidungen werden exklusiv dem Menschen vorbehalten bleiben. Dies ist kein Postulat, sondern einfach eine methodische Notwendigkeit. Aber die Werte werden dabei befreit werden von einer Fracht, die sich von Anbeginn der Philosophiegeschichte an als Last und als Ballast erwiesen hat, nämlich der Fracht, die darin liegt, daß Werte auch als methodisches Vehikel verwendet werden, um komplexe Strukturen zuzudecken und die Operation des Vergleiches unterschiedlicher, aber ähnlicher sozialer Sachverhalte durchführen zu können. Vielleicht wird es auf diese Weise erstmals auch auf dem Gebiet der Werte so etwas wie Fortschritt geben.

Der Verfasser ist sich seiner Sache im Grundsätzlichen gewiß. Was die Ausführung angeht, möchte er sich auf ein Wort von Robert Musil beziehen (und damit schließen):

„Der Autor ist bescheidener und weniger hilfsbereit, als der Titel glauben macht. Ich bin nicht nur überzeugt, daß das, was ich sage, falsch ist, sondern auch das, was man dagegen sagen wird. Trotzdem muß man anfangen, davon zu reden; die Wahrheit liegt bei einem solchen Gegenstand nicht in der Mitte, sondern rundherum wie ein Sack, der mit jeder neuen Meinung, die man hineinstopft, seine Form ändert, aber immer fester wird.“

Bibliographie

0. Allgemeine Literatur

0.1 Fiedler, Herbert: Rechenautomaten in Recht und Verwaltung, in: JZ 1966, S. 689 ff.

0.2 Fischerhof, Hans: Technologie und Jurisprudenz, in: NJW 1969, S. 1193 ff.

0.3 Haft, Fritjof: Elektronische Datenverarbeitung im Recht, Berlin 1970.

0.4 –: Methodenprobleme der Datenverarbeitung im Recht, in: DSWR 1973, S. 120–128, 136–142.

0.5 Kaufmann, Arthur (Hrsg.): Münchener Ringvorlesung EDV und Recht – Möglichkeiten und Probleme, München 1973.

0.6 Klug, Ulrich: Elektronische Datenverarbeitung im Recht, in Festschrift für Hermann Jahrreiß, Köln–Berlin–Bonn–München 1964, S. 189 ff. (auch in Juristische Logik, 3. Aufl. Berlin–Heidelberg–New York 1966, S. 157–172).

0.7 Lang, Friedrich, Bock, Friedrich (Hrsg.): Wiener Beiträge zur elektronischen Erschließung der Information im Recht, Wien 1973.

0.8 Loevinger, Lee: Jurimetrics – the next step forward, in: 33 Minnesota Law Review 1949, S. 455 ff., wieder abgedruckt in: 12 Jurimetrics Journal, Number 1, 1971, S. 3–41.

0.9 Podlech, Adalbert: Rechtskybernetik – eine juristische Disziplin der Zukunft, in: Juristen-Jahrbuch Bd. 10, Köln–Marienberg 1969/70, S. 157 ff.

0.10 Reisinger, Leo: Überlegungen zur Formalisierung im Recht, in: DSWR 1974, S. 46–55, 87–94.

0.11 Simitis, Spiros: Rechtliche Anwendungsmöglichkeiten kybernetischer Systeme, Tübingen 1966 (Recht und Staat Heft 322).

0.12 Steinauer, Paul-Henri: L'informatique et l'application du droit – Le rôle du juriste dans l'élaboration d'un programme d'application du droit par ordinateur, Fribourg (Suisse) 1975.

0.13 Steinmüller, Wilhelm: EDV und Recht – Einführung in die Rechtsinformatik, Berlin 1970 (JA-Sonderheft 6).

0.14 –: ADV und Recht – Einführung in die Rechtsinformatik und das Recht der Informationsverarbeitung, 2. völlig neu gestaltete und erweiterte Auflage, Berlin 1976 (JA-Sonderheft 6).

0.15 Verhandlungen des Achtundvierzigsten Deutschen Juristentages, hrsg. v. d. ständigen Deputation des Deutschen Juristentages, Bd. II (Sitzungsberichte) Teil T, Datenverarbeitung im Recht, München 1970.

0.16 Winkler, Günter (Gesamtredaktion): Rechtstheorie und Rechtsinformatik – Voraussetzungen und Möglichkeiten formaler Erkenntnis des Rechts, Wien–New York 1975.

1. Rechtsinformatik – eine neue juristische Disziplin

1.1 Bauer, Friedrich L.: Informatik und Rechtsinformatik, in Recht und Nachbarwissenschaften 2, hrsg. v. Dieter Grimm, München 1976, S. 162–178.

1.2 Fiedler, Herbert: Die Stellung der Rechtsinformatik zu den Informationswissenschaften, in: DSWR 1974, S. 116–119.

1.3 Gernert, Dieter: Der aktuelle Stand der Rechtsinformatik. Bericht über den Kongreß „Juristische Informationssysteme – EDV und Recht“ vom 22.–24. Mai 1973 in München, in: DSWR 1973, S. 203–208.

1.4 Haft Fritjof: Gedanken zur Rechtsinformatik-Ausbildung, in: DSWR 1976, S. 107–115.

1.5 Hopt, Klaus: Entwicklungen der Rechtsinformatik in den USA, in: DSWR 1972, S. 235–244, 280–283, 304–308.

1.6 –: Rechtswissenschaft und Informatik, in Rechtswissenschaft und Nachbarwissenschaften 2, hrsg. v. Dieter Grimm, München 1976, S. 143–161.

2. Logische Grundlagen

2.1 Aristoteles: Texte zur Logik, zusammengestellt, übersetzt und kommentiert von Adolf Trendelenborg, bearbeitet und neu hrsg. v. Rainer Beer, Reinbek bei Hamburg 1969.

2.2 Balk, Manfred: Über den Gebrauch einiger Junktoren der zweiwertigen Aussagenlogik in Rechtsnormen, in: DSWR 1974, S. 328–335.

2.3 Engisch, Karl: Logische Studien zur Gesetzesanwendung, 3. Aufl. Heidelberg 1963.

2.4 Klug, Ulrich: Juristische Logik, 3. Aufl. Berlin – Heidelberg – New York 1966.

2.5 Scholz, Heinrich: Abriß der Geschichte der Logik, 2. unv. Aufl. Freiburg/München 1969.

2.6 Strombach, Werner, Emde, Helmut, Reyersbach, Walter: Mathematische Logik – Ihre Grundprobleme in Theorie und Anwendung, München 1972.

2.7 Strombach, Werner: Die Gesetze unseres Denkens. Eine Einführung in die Logik, München 1970.

2.8 Tammelo, Ilmar: Outlines of Modern Legal Logic, Wiesbaden 1969.

2.9 Wagner, Heinz, Haag, Karl: Die moderne Logik in der Rechtswissenschaft, Bad Homburg v. d. H. – Berlin – Zürich 1970.

3. Grundkurs in Informatik

3.1 Dworatschek, Sebastian: Einführung in die Datenverarbeitung, 5. Aufl. Berlin – New York 1973.

3.2 Gernert, Dieter: Einführung in die Datenverarbeitung für Juristen – Ein Programmierkurs mit juristischen Beispielen, München 1974.

3.3 –: Benutzernahe Programmiersprachen, München – Wien 1976.
3.4 Geiger, Hansjörg, Schneider, Jochen: Der Umgang mit Computern, Möglichkeiten und Probleme ihres Einsatzes, München 1975.
3.5 Müller-Krumbhaar, Heiner: Die Programmierung und der Benutzer – Der Computer als System, in: DSWR 1971, S. 22–26, 43–54.
3.6 Schiro, Helmut, Herzog, Reinhard: Wie sag ich's dem Computer? Eine Einführung in die wichtigsten Programmiersprachen mit praktischen Anwendungsbeispielen, 2. Aufl. München 1971.
3.7 Steinbuch, Karl: Die informierte Gesellschaft. Geschichte und Zukunft der Nachrichtentechnik, Reinbek bei Hamburg 1968.

4. Sprachtheoretische Grundfragen

4.1 Austin, J. L.: How to do things with words, Cambridge 1962, deutsche Bearbeitung von Eike von Savigny, Zur Theorie der Sprechakte, Stuttgart 1972.
4.2 Brinckmann, Hans: Juristische Fachsprache und Umgangssprache, in ÖVD 1972, S. 60–69.
4.3 Carnap, Rudolf: Logische Syntax der Sprache, 2. Aufl. Wien – New York 1968.
4.4 Chomsky, Noam: Aspects of the Theory of Syntax, Cambridge (Mass.) 1965, aus dem Amerikanischen übersetzt und hrsg. v. einem Kollektiv unter der Leitung von Ewald Lang, Aspekte der Syntax-Theorie, Frankfurt a. M. 1972.
4.5 Haft, Fritjof: Recht und Sprache, in Arthur Kaufmann – Winfried Hassemer (Hrsg.), Einführung in Rechtsphilosophie und Rechtstheorie der Gegenwart, Karlsruhe 1977, S. 112–119.
4.6 Kamlah, Wilhelm, Lorenzen, Paul: Logische Propädeutik – Vorschule des vernünftigen Redens, Mannheim 1967.
4.7 Kaufmann, Arthur: Die Sprache als hermeneutischer Horizont der Geschichtlichkeit des Rechts, in: Rechtsphilosophie im Wandel, Frankfurt a. M. 1972, S. 338 bis 368.

4.8 Lepschy, Giulio C.: La Linguistica Strutturale, aus dem Italienischen übertragen und mit einem ergänzenden Kapitel „Die strukturale Sprachwissenschaft in Deutschland“ versehen von Harro Stammerjohann, Die strukturale Sprachwissenschaft – Eine Einführung, München 1969.

4.9 Lyons, John: Introduction to Theoretical Linguistics, Cambridge 1968, aus dem Englischen übertragen von W. und G. Abraham, Einführung in die moderne Linguistik, München 1971.

4.10 Podlech, Adalbert: Rechtslinguistik, in Rechtswissenschaft und Nachbarwissenschaften 2, hrsg. v. Dieter Grimm, München 1976, S. 105–116.

4.11 Rieser, Hannes: Sprachwissenschaft und Rechtstheorie, in Rechtswissenschaft und Nachbarwissenschaft 2, hrsg. v. Dieter Grimm, München 1976, S. 117–142.

4.12 Saussure, Ferdinand de: Cours de linguistique Générale, Lausanne 1916, deutsch Grundfragen der allgemeinen Sprachwissenschaft, 2. Aufl. Berlin 1967.

4.13 Schaff, Adam: Wstep do semantyki, Warschau 1960, deutsch Einführung in die Semantik, hrsg. und mit einem Nachwort versehen von Georg Klaus, Reinbek bei Hamburg 1973.

4.14 Searle, John R.: Speech Acts, Cambridge 1970, aus dem Englischen von R. u. J. Wiggershaus, Sprechakte – ein sprachphilosophischer Essay, Frankfurt a. M. 1971.

4.15 Stegmüller, Wolfgang: Sprache und Logik, in Studium Generale 1956, S. 57–77.

4.16 Tillmann, H. G.: Linguistische Probleme der Datenverarbeitung im Recht, in: DSWR 1973, S. 290–296.

5. Automatisierte Rechtsdokumentation

5.1 Conradi, Joachim: Die elektronische Steuerrechtsdatenbank der DATEV, in: DSWR 1975, S. 98–109.

5.2 Haft, Fritjof, Müller-Krumbhaar, Heiner: SEDOC – ein Verfahrensvorschlag zur Erschließung juristischer Literatur mit Computern, in: JA 1970, S. 566–577.

5.3 –: Juristisches Informationssystem – Erwartungen und Perspektiven, in: NJW 1973, S. 85–89.

5.4 JURIS – Das Juristische Informationssystem. Analyse, Planung, Vorschläge. Bericht der Projektgruppe aus Mitgliedern des Bundesministeriums der Justiz, der Gesellschaft für Mathematik und Datenverarbeitung und der C-E-I-R-GmbH an den Bundesminister der Justiz, Karlsruhe 1972.
5.5 Kreppel, Thomas: Informationskrise, Verlagskrise und „Besseres Recht“, in: NJW 1975, S. 2325–2326.
5.6 Simitis, Spiros: Informationskrise des Rechts und Datenverarbeitung, Karlsruhe 1970.
5.7 Informationsverhalten und Informationsbedarf von Juristen. Eine Erhebung von Infratest Sozialforschung München im Auftrag des Bundesministeriums der Justiz und der Gesellschaft für Mathematik und Datenverarbeitung, Berlin 1974 (DVR Beiheft 2).

6. Entscheidungsautomatisierung

6.1 Kilian, Wolfgang: Juristische Entscheidung und elektronische Datenverarbeitung – Methodenorientierte Vorstudie, Frankfurt a. M. 1974.
6.2 Reisinger, Leo: Automatisierte Normanalyse und Normanwendung, Berlin 1972 (Arbeitspapiere Rechtsinformatik Heft 7).
6.3 Suhr, Dieter (Hrsg.): Computer als juristischer Gesprächspartner, Berlin 1970.

7. Rechtsinformatik und soziale Konsistenz

7.1 Haft, Fritjof, Müller-Krumbhaar, Heiner: Computerunterstützte Verwaltungssysteme: Ein Verfahrensvorschlag zum sozialen Mietrecht, in: DSWR 1972, S. 271 bis 274.
7.2 Hopt, Klaus J.: Finale Regelung, Experiment und Datenverarbeitung, in: JZ 1972, S. 65 ff.
7.3 –: Simulation und Planspiel in Recht und Gesetzgebung, in: DVR 1972, S. 1 ff.
7.4 Müller-Krumbhaar, Heiner: Selbstkonsistenz des Systems als Modellgrundlage für juristische Entscheidung,

in Münchener Ringvorlesung EDV und Recht, hrsg. v. Arthur Kaufmann, Berlin 1973, S. 39–48.

8. Weiterhin im Text benutzte Literatur

8.1 Baumgärtel, Gottfried: Die Möglichkeiten der Verwendung von elektronischen Datenverarbeitungsanlagen zur besseren Vorbereitung von Gesetzen, dargestellt an einer Rechtstatsachenforschung zur Prozeßreform, in: DSWR 1974, S. 362–369.

8.2 Coing, Helmut: Juristische Methodenlehre, Berlin – New York 1972.

8.3 v. Cube, Felix: Kybernetische Grundlagen des Lernens und Lehrens, 3. Aufl. Stuttgart 1971.

8.4 Eckmann, Horst: Rechtspositivismus und sprachanalytische Philosophie. Der Begriff des Rechts in der Rechtstheorie H. L. A. Harts, Berlin 1969.

8.5 Esser, Josef: Vorverständnis und Methodenwahl in der Rechtsfindung, Frankfurt a. M. 1970 (1972).

8.6 Haft, Fritjof: Generalklauseln und unbestimmte Begriffe im Strafrecht, in: JuS 1975, S. 477–485.

8.7 Hart, H. L. A.: The Concept of Law, Oxford 1961, aus dem Englischen von A. v. Baeyer, Der Begriff des Rechts, Frankfurt a. M. 1973.

8.8 Jaspers, Karl: Kant – Leben, Werk, Wirkung, München 1975.

8.9 Kant, Immanuel: Kritik der reinen Vernunft, hrsg. v. Ingeborg Heidemann (Reclam-Ausgabe), Stuttgart 1975.

8.10 Katz, Jerrold: The Philosophy of Language, New York – London 1966, aus dem Amerikanischen von Richard Kruse, Philosophie der Sprache, Frankfurt a. M. 1971.

8.11 Kaufmann, Arthur: Analogie und „Natur der Sache“, zugleich ein Beitrag zur Lehre vom Typus, in: Rechtsphilosophie im Wandel, Frankfurt a. M. 1972, S. 272 bis 320.

8.12 –: Die Aufgabe der Philosophie im kybernetischen Zeitalter, in Rechtsphilosophie im Wandel, Frankfurt a. M. 1972, S. 369–375.

8.13 –: Durch Naturrecht und Rechtspositivismus zur juristischen Hermeneutik, in: JZ 1975, S. 337–341.

8.14 Kaufmann, Arthur, Hassemer, Winfried: Grundprobleme der zeitgenössischen Rechtsphilosophie und Rechtstheorie, Frankfurt a. M. 1971.
8.15 Kelsen, Hans: Reine Rechtslehre, 2. vollst. neu bearb. u. erw. Aufl., Wien 1960.
8.16 v. Kutschera, Franz: Sprachphilosophie, München 1971.
8.17 Larenz, Karl: Methodenlehre der Rechtswissenschaft, 3. Aufl. Berlin – Heidelberg – New York 1975.
8.18 Leinfellner, Werner: Einführung in die Erkenntnis- und Wissenschaftstheorie, 2. Aufl. Mannheim 1967.
8.19 Luhmann, Niklas: Legitimation durch Verfahren, Neuwied und Berlin 1969.
8.20 Noll, Peter: Gesetzgebungslehre, Reinbek bei Hamburg 1973.
8.21 Prosser, William L.: Kausalzusammenhang und Fahrlässigkeit, Köln und Opladen 1958.
8.22 Radbruch, Gustav: Rechtsphilosophie, 8. Aufl. hrsg. v. Erik Wolf und Hans Peter Schneider, Stuttgart 1963.
8.23 v. Savigny, Friedrich Carl: Vom Beruf unserer Zeit für Gesetzgebung und Rechtswissenschaft, Heidelberg 1814.
8.24 –: System des heutigen römischen Rechts, Bd. I, Berlin 1840.
8.25 Seiffert, Helmut: Einführung in die Wissenschaftstheorie 1, Sprachanalyse – Deduktion – Induktion in Natur- und Sozialwissenschaften, 3. Aufl. München 1971.
8.26 Wittgenstein, Ludwig: Tractatus logico-philosophicus – Logisch-philosophische Abhandlungen, 8. Aufl. Frankfurt a. M. 1971.
8.27 –: Philosophische Untersuchungen, Frankfurt a. M. 1971.
8.28 Zippelius, Reinhold: Einführung in die juristische Methodenlehre, München 1971.

Personenregister

Sachregister

Ilmar Tammelo

Theorie der Gerechtigkeit

1977. Reihe: Kolleg Rechtstheorie, Bd. I, 1

Tammelo bahnt dem vernünftigen Denken und Reden über Gerechtigkeit neue Wege – auch dort, wo sich tiefgreifende Meinungsverschiedenheiten nicht ausräumen lassen.

Er erarbeitet eine schlüssige Definition sowie einsichtige Kriterien der Gerechtigkeit und entwickelt eine plausible Methode zur Begründung von Gerechtigkeitsauffassungen. Darüber hinaus gibt er den Blick für psychologische und metaphysische Perspektiven der Gerechtigkeit frei.

Dieses Buch stützt sich auf moderne Grundlagenforschungen zur Moral-, Rechts- und Staatslehre. Es umgeht die unzulässige Vereinfachung der Probleme und eine einseitige oder inhaltsarme Formalisierung der Resultate, indem es sich an einem spezifisch juristischen Denkmodell orientiert. Nicht nur Juristen, sondern alle, denen es um die konstruktive Lösung rechtlicher und politischer Fragen geht, sind angesprochen.